国家出版基金项目
NATIONAL PUBLICATION FOUNDATION

新兴产业和高新技术现状与前景研究丛书

总主编 金 碚 李京文

半导体照明技术
现状与应用前景

梅霆 章勇 王金林 郭志友 尹以安 编著

BANDAOTI ZHAOMING JISHU
XIANZHUANG YU YINGYONG QIANJING

U0243901

图书在版编目（CIP）数据

半导体照明技术现状与应用前景／梅霆等编著．—广州：广东经济出版社，2015.5

（新兴产业和高新技术现状与前景研究丛书）

ISBN 978 - 7 - 5454 - 3706 - 5

Ⅰ．①半… Ⅱ．①梅… Ⅲ．①半导体发光灯 - 照明技术 - 研究

Ⅳ．①TM923.34

中国版本图书馆 CIP 数据核字（2014）第 294237 号

出版 发行	广东经济出版社（广州市环市东路水荫路 11 号 11 ~ 12 楼）
经销	全国新华书店
印刷	中山市国彩印刷有限公司 （中山市坦洲镇彩虹路 3 号第一层）
开本	730 毫米 × 1020 毫米　1/16
印张	15
字数	253 000 字
版次	2015 年 5 月第 1 版
印次	2015 年 5 月第 1 次
书号	ISBN 978 - 7 - 5454 - 3706 - 5
定价	35.00 元

如发现印装质量问题，影响阅读，请与承印厂联系调换。

发行部地址：广州市环市东路水荫路 11 号 11 楼

电话：（020）38306055　37601950　邮政编码：510075

邮购地址：广州市环市东路水荫路 11 号 11 楼

电话：（020）37601980　邮政编码：510075

营销网址：http://www·gebook．com

广东经济出版社常年法律顾问：何剑桥律师

"新兴产业和高新技术现状与前景研究" 丛书编委会

原　磊　中国社会科学院工业经济研究所工业运行
　　　　研究室主任、副研究员

陈　志　中国科学技术发展战略研究院副研究员

史岸冰　华中科技大学基础医学院教授

吴伟萍　广东省社会科学院产业经济研究所副所长、
　　　　研究员

燕雨林　广东省社会科学院产业经济研究所研究员

张栓虎　广东省社会科学院产业经济研究所副研究员

邓江年　广东省社会科学院产业经济研究所副研究员

杨　娟　广东省社会科学院产业经济研究所副研究员

柴国荣　兰州大学管理学院教授

梅　霆　西北工业大学理学院教授

刘贵杰　中国海洋大学工程学院机电工程系主任、教授

杨　光　北京航空航天大学机械工程及自动化学院
　　　　工业设计系副教授

迟远英　北京工业大学经济与管理学院教授

王　江　北京工业大学经济与管理学院副教授

张大坤　天津工业大学计算机科学系教授

朱郑州　北京大学软件与微电子学院副教授

杨　军　西北民族大学现代教育技术学院副教授

赵肃清　广东工业大学轻工化工学院教授

袁清珂　广东工业大学机电工程学院副院长、教授

黄　金　广东工业大学材料与能源学院副院长、教授

莫松平　广东工业大学材料与能源学院副教授

王长宏　广东工业大学材料与能源学院副教授

总　序

　　人类数百万年的进化过程，主要依赖于自然条件和自然物质，直到五六千年之前，由人类所创造的物质产品和物质财富都非常有限。即使进入近数千年的"文明史"阶段，由于除了采掘和狩猎之外人类尚缺少创造物质产品和物质财富的手段，后来即使产生了以种植和驯养为主要方式的农业生产活动，但由于缺乏有效的技术手段，人类基本上没有将"无用"物质转变为"有用"物质的能力，而只能向自然界获取天然的对人类"有用"之物来维持低水平的生存。而在缺乏科学技术的条件下，自然界中对于人类"有用"的物质是非常稀少的。因此，据史学家们估算，直到人类进入工业化时代之前，几千年来全球年人均经济增长率最多只有0.05%。只有到了18世纪从英国开始发生的工业革命，人类发展才如同插上了翅膀。此后，全球的人均产出（收入）增长率比工业化之前高10多倍，其中进入工业化进程的国家和地区，经济增长和人均收入增长速度数十倍于工业化之前的数千年。人类今天所拥有的除自然物质之外的物质财富几乎都是在这200多年的时期中创造的。这一时期的最大特点就是：以持续不断的技术创新和技术革命，尤其是数十年至近百年发生一次的"产业革命"的方式推动经济社会的发展。① 新产业和新技术层出不穷，人类发展获得了强大的创造能力。

---

　　① 产业革命也称工业革命，一般认为18世纪中叶（70年代）在英国产生了第一次工业革命，逐步扩散到西欧其他国家，其技术代表是蒸汽机的运用。此后对世界所发生的工业革命的分期有多种观点。一般认为，19世纪中叶在欧美等国发生第二次工业革命，其技术代表是内燃机和电力的广泛运用。第二次世界大战结束后的20世纪50年代，发生了第三次工业革命，其技术代表是核技术、计算机、电子信息技术的广泛运用。21世纪以来，世界正在发生又一次新工业革命（也有人称之为"第三次工业革命"，而将上述第二、第三次工业革命归之为第二次工业革命），其技术代表是新能源和互联网的广泛运用。也有人提出，世界正在发生的新工业革命将以制造业的智能化尤其是机器人和生命科学为代表。

当前，世界又一次处于新兴产业崛起和新技术将发生突破性变革的历史时期，国外称之为"新工业革命"或"第三次工业革命""第四次工业革命"，而中国称之为"新型工业化""产业转型升级"或者"发展方式转变"。其基本含义都是：在新的科学发现和技术发明的基础上，一批新兴产业的出现和新技术的广泛运用，根本性地改变着整个社会的面貌，改变着人类的生活方式。正如美国作者彼得·戴曼迪斯和史蒂芬·科特勒所说："人类正在进入一个急剧的转折期，从现在开始，科学技术将会极大地提高生活在这个星球上的每个男人、女人与儿童的基本生活水平。在一代人的时间里，我们将有能力为普通民众提供各种各样的商品和服务，在过去只能提供给极少数富人享用的那些商品和服务，任何一个需要得到它们、渴望得到它们的人，都将能够享用它们。让每个人都生活在富足当中，这个目标实际上几乎已经触手可及了。""划时代的技术进步，如计算机系统、网络与传感器、人工智能、机器人技术、生物技术、生物信息学、3D 打印技术、纳米技术、人机对接技术、生物医学工程，使生活于今天的绝大多数人能够体验和享受过去只有富人才有机会拥有的生活。"[1]

在世界新产业革命的大背景下，中国也正处于产业发展演化过程中的转折和突变时期。反过来说，必须进行产业转型或"新产业革命"才能适应新的形势和环境，实现绿色化、精致化、高端化、信息化和服务化的产业转型升级任务。这不仅需要大力培育和发展新兴产业，更要实现高新技术在包括传统产业在内的各类产业中的普遍运用。

我们也要清醒地认识到，20 世纪 80 年代以来，中国经济取得了令世界震惊的巨大成就，但是并没有改变仍然属于发展中国家的现实。发展新兴产业和实现产业技术的更大提升并非轻而易举的事情，不可能一蹴而就，而必须拥有长期艰苦努力的决心和意志。中国社会科学院工业经济研究所的一项研究表明：中国工业的主体部分仍处于国际竞争力较弱的水平。这项研究把中国工业制成品按技术含量低、中、高的次序排列，发现国际竞争力大致呈 U 形分布，即两头相对较高，而在统计上分类为"中技术"的行业，例如化工、材料、机械、电子、精密仪器、交通设备等，国际竞争力显著较低，而这类产业恰恰是工业的主体和决定工业技术整体素质的关键基础部门。如果这类产业竞争力不

---

① 【美】彼得·戴曼迪斯，史蒂芬·科特勒. 富足：改变人类未来的 4 大力量. 杭州：浙江大学出版社，2014.

强，技术水平较低，那么"低技术"和"高技术"产业就缺乏坚实的基础。即使从发达国家引入高技术产业的某些环节，也是浅层性和"漂浮性"的，难以长久扎根，而且会在技术上长期受制于人。

中国社会科学院工业经济研究所专家的另一项研究还表明：中国工业的大多数行业均没有站上世界产业技术制高点。而且，要达到这样的制高点，中国工业还有很长的路要走。即使是一些国际竞争力较强、性价比较高、市场占有率很大的中国产品，其核心元器件、控制技术、关键材料等均须依赖国外。从总体上看，中国工业品的精致化、尖端化、可靠性、稳定性等技术性能同国际先进水平仍有较大差距。有些工业品在发达国家已属"传统产业"，而对于中国来说还是需要大力发展的"新兴产业"，许多重要产品同先进工业国家还有几十年的技术差距，例如数控机床、高端设备、化工材料、飞机制造、造船等，中国尽管已形成相当大的生产规模，而且时有重大技术进步，但是，离世界的产业技术制高点还有非常大的距离。

产业技术进步不仅仅是科技能力和投入资源的问题，攀登产业技术制高点需要专注、耐心、执着、踏实的工业精神，这样的工业精神不是一朝一夕可以形成的。目前，中国企业普遍缺乏攀登产业技术制高点的耐心和意志，往往是急于"做大"和追求短期利益。许多制造业企业过早走向投资化方向，稍有成就的企业家都转而成为赚快钱的"投资家"，大多进入地产业或将"圈地"作为经营策略，一些企业股票上市后企业家急于兑现股份，无意在实业上长期坚持做到极致。在这样的心态下，中国产业综合素质的提高和形成自主技术创新的能力必然面临很大的障碍。这也正是中国产业综合素质不高的突出表现之一。我们不得不承认，中国大多数地区都还没有形成深厚的现代工业文明的社会文化基础，产业技术的进步缺乏持续的支撑力量和社会环境，中国离发达工业国的标准还有相当大的差距。因此，培育新兴产业、发展先进技术是摆在中国产业界以至整个国家面前的艰巨任务，可以说这是一个世纪性的挑战。如果不能真正夯实实体经济的坚实基础，不能实现新技术的产业化和产业的高技术化，不能让追求技术制高点的实业精神融入产业文化和企业愿景，中国就难以成为真正强大的国家。

实体产业是科技进步的物质实现形式，产业技术和产业组织形态随着科技进步而不断演化。从手工生产，到机械化、自动化，现在正向信息化和智能化方向发展。产业组织形态则在从集中控制、科层分权，向分布式、网络化和去中心化方向发展。产业发展的历史体现为以蒸汽机为标志的第一次工业革命、以电力和自动化为标志的第二次工业革命，到以计算机和互联网为标志的第三次工业革命，再到以人工智能和生命科学为标志的新工业革命（也有人称之为"第四次工业革命"）的不断演进。产业发展是人类知识进步并成功运用于生产性创造的过程。因此，新兴产业的发展实质上是新的科学发现和技术发明以及新科技知识的学习、传播和广泛普及的过程。了解和学习新兴产业和高新技术的知识，不仅是产业界的事情，而且是整个国家全体人民的事情，因为，新产业和新技术正在并将进一步深刻地影响每个人的工作、生活和社会交往。因此，编写和出版一套关于新兴产业和新产业技术的知识性丛书是一件非常有意义的工作。正因为这样，我们的这套丛书被列入了2014年的国家出版工程。

我们希望，这套丛书能够有助于读者了解和关注新兴产业发展和高新产业技术进步的现状和前景。当然，新兴产业是正在成长中的产业，其未来发展的技术路线具有很大的不确定性，关于新兴产业的新技术知识也必然具有不完备性，所以，本套丛书所提供的不可能是成熟的知识体系，而只能是形成中的知识体系，更确切地说是有待进一步检验的知识体系，反映了在新产业和新技术的探索上现阶段所能达到的认识水平。特别是，丛书的作者大多数不是技术专家，而是产业经济的观察者和研究者，他们对于专业技术知识的把握和表述未必严谨和准确。我们希望给读者以一定的启发和激励，无论是"砖"还是"玉"，都可以裨益于广大读者。如果我们所编写的这套丛书能够引起更多年轻人对发展新兴产业和新技术的兴趣，进而立志投身于中国的实业发展和推动产业革命，那更是超出我们期望的幸事了！

金 碚

2014 年 10 月 1 日

前　言

　　半导体照明亦称固态照明，是指用固态发光器件作为光源的照明，其核心器件包括发光二极管（LED）和有机发光二极管（OLED），具有耗电量少、寿命长、色彩丰富、耐震动、可控性强等特点。半导体照明是继白炽灯、荧光灯之后照明光源的又一次革命。半导体照明技术发展迅速、应用领域广泛、产业带动性强、节能潜力大，被各国公认为最有发展前景的高效照明产业。20 世纪 90 年代以来，半导体照明技术不断突破，应用领域日益扩展。在指示及显示领域的技术基本成熟，并广泛应用；在医疗、农业等特殊领域的技术方兴未艾。近几年，半导体照明产业发展迅速，国外及我国台湾地区在不同领域具有较强优势。随着我国产业结构调整、发展方式转变进程的加快，半导体照明节能产业作为节能减排的重要措施迎来了新的发展机遇期。

　　LED 具有节能、环保、寿命长、体积小等特点，是半导体照明的典型代表，被称为第四代照明光源或绿色光源。近年来，世界上一些经济发达国家围绕 LED 的研制展开了激烈的技术竞赛。美国从 2000 年起投资 5 亿美元实施"国家半导体照明计划"，欧盟也在 2000 年 7 月宣布启动类似的"彩虹计划"。我国科技部在"863"计划的支持下，2003 年 6 月份首次提出发展半导体照明计划。

　　本书定位为技术知识读本，面向的读者是从事 LED 照明行业的技术人员以及领导和管理阶层人员。全书包括概述和正文九章，概括介绍了人类照明进化历程，LED 发展的历史，半导体照明产业结构，国内外及广东的发展状况，技术及产业的趋势及前景。第一章介绍照明的基础知识；第二章介绍户外照明；第三章介绍室内照明；第四章介绍 LED 背光源的基本知识；第五章介绍 LED 在农业、医疗等方面的应用；第六章介绍晶片的外延，主要是 MOCVD 外延；

第七章介绍芯片的制作；第八章介绍 LED 的封装；第九章介绍驱动电源的相关知识和标准。

本书是根据作者多年从事半导体这门学科的教学和科研工作，在大量的理论知识和经验的基础上编写的，其中第一章由梅霆和章勇共同执笔；第二、第三章由梅霆和王金林（广州光为照明科技有限公司）共同执笔；第五章由梅霆执笔；第六章由尹以安执笔；第四、第七、第八章由章勇执笔；第九章由郭志友执笔。华南师范大学光电子材料与技术研究所研究生梁永瑞、胡世雄、李豪凯、杨孝东、章敏杰、王乃印、万磊、杨东、王聪、文洁等参与了插图绘制、书稿编排及校稿工作。

本书在写作上尽量注意原理和技术相结合，理论和实践相结合，并适当插入一些前沿研究案例。希望通过这些内容的介绍，让读者熟悉并理解半导体照明技术的基本内容和关键所在，了解半导体照明领域中一些存在的问题和需要研究的前沿课题。

中国科学院院士刘颂豪先生长期以来一直关注本领域的发展，对参与本书编写的人员给予了鼓励和指导，本书的编写工作得到了广州市科技计划项目"广州市 LED 产业服务平台"（项目编号 2010U1 - D00131）的支持，在此一并表示感谢！

梅霆　章勇　王金林　郭志友　尹以安

概　述

半导体照明也称固态照明，是第四代新型的照明光源，具有高效、节能、环保、寿命长、易维护等显著特点，是近年来全球最具发展前景的高新技术领域之一，是人类照明史上继白炽灯、荧光灯之后的又一场照明光源的革命。随着全球能源价格高涨，国务院印发《"十二五"节能环保产业发展规划》，半导体照明产业化及应用工程被圈定为八大重点工程之一，具有节能优势的 LED 成为大众所看好的明星产业，不断有新的厂商跨足 LED 产业。就整个产业链而言，具有涉及范围广、多学科、多领域交叉融合的特点。它主要包括五个部分：衬底、外延生长、芯片制造、器件封装、应用产品及服务。另外，围绕这五个中心部分还有原材料、配置套件、制造设备、检测仪器以及具体应用产品等。

（一）LED 制造技术路径

外延片是 LED 的核心部分，它决定了 LED 的波长、亮度、正向电压等主要光电参数。外延片的质量决定了 LED 产品的性能，其生长是 LED 产业链中的关键，具有技术难度高、资金投入大、进入壁垒高等特点，是 LED 产业的核心技术，约占 60% 的利润，是行业中占比最大的产业。制备晶片外延的技术主要为金属有机物化学气象外延（MOCVD）（MOCVD 设备生产企业主要有德国 AIX-TRON 公司和美国 VEECO 公司，两家公司几乎生产了全球 90% 以上的产品）。

LED 芯片制作是一项非常复杂的系统工程，目的是要保证高载流子注入效率和出光效率。随着 MOCVD 外延生长技术的发展，GaN 基外延片的内量子效率可以达到 70% 以上，而外量子效率一般在 30% 左右。提高 GaN 基 LED 发光效率的关键是提高芯片的外量子效率，这在很大程度上取决于芯片的设计与制备技术。在结构设计上 LED 芯片主要有三种：正装结构、倒装结构、垂直结构。LED 的芯片制备主要有欧姆接触、表面粗化、侧壁出光、倒装焊、激光剥离、AC－LED 器件集成等工艺。目前 LED 芯片制备技术的难点在于降低器件的制造成本、提高器件的电光转换效率和器件的输入功率。为了更快地将 LED 推向普通照明，LED 芯片发展的趋势表现在两个方面：大注入电流技术和大尺寸芯片技术。

LED 封装的任务是将外引线连接到 LED 芯片的电极上，同时保护好 LED 芯片，并且起到提高光萃取效率的作用。经过近 50 年的发展，LED 封装经过了直插式 LED、普通贴片型 LED、普通功率型 LED、大功率 LED 等发展过程。目前，白光 LED 封装技术主要有三种：三基色 LED 混色技术、紫外芯片加红绿蓝荧光粉技术、蓝光芯片加黄色荧光粉技术，其中蓝光芯片加荧光粉技术是目前封装白光 LED 的主流方向。目前制约 LED 封装产业发展的原因，从技术上来说主要包括两个方面：一是关键的封装材料技术；二是大功率 LED 封装的结构与散热问题技术。随着芯片功率的增大，特别是固态照明技术发展的需求，对 LED 封装的光学、热学、电学和机械结构等提出了新的、更高的要求，在以下几个方面还存在技术难点：新型荧光粉的开发、荧光粉的涂覆方式与光色一致性、大电流注入及高效散热结构。随着 LED 日渐向大功率型发展，其封装也呈现出封装集成化、封装材料新型化、封装工艺新型化等发展趋势与特点。LED 封装技术的发展趋势为：集成化封装技术、新的封装材料技术、大面积芯片封装技术、平面模块化封装技术。

（二）国内外半导体照明技术发展现状

目前各国在开发 LED 技术方面竞争非常激烈。2014 年 3 月 27 日，美国 Cree 公司宣布白光功率型 LED 实验室光效达到 303 lm/W，再度树立 LED 行业里程碑；Cree 公司还宣布推出业界首款 8000lm LMH2 LED 模组，该模组系列实现在同一个光源体系中提供 850 ~ 8000lm 的光输出，为高天花顶应用场所提供高性能、简单易用的解决方案；2013 年 8 月 15 日，德国的欧司朗光电半导体推出 Duris S8，尺寸仅 5.8mm×5.2mm，在电流为 200 mA 时光通量高达 500 lm，可实现卓越的色彩一致性和高光通量，它主要用在取代型灯泡以及室内照明的 LED 聚光灯中；2013 年 11 月 19 日，欧司朗光电半导体成功推出首款显色指数（CRI）高达 95 且白光色度可调的 LED 产品 OSRAM Ostar Medical，该产品可在 3700 ~ 5000 K 的色温范围内选择 LED 所发射白光的色度，是医疗应用领域的理想光源；2014 年 5 月 26 日，韩国的首尔半导体推出能满足所有高亮度、高信赖性、高性价要求的创新户外照明用 LED 产品 Acrich MJT 5050，Acrich LED 采用具有专利的芯片和封装设计，大功率驱动下也能确保较高信赖性，非常适合应用在对高亮度、高信赖性有要求的户外照明上。

我国在 LED 开发方面也进步显著。2012 年 3 月 26 日，福建省万邦光电科技有限公司推出在输入电流为 20mA、COB 封装模式下高达 177lm/W 的 LED 光源，该 LED 光源采用 COB 封装技术，并使用三安光电股份有限公司制备的高光效芯片以及四川新力光源有限公司制备的高效荧光粉；2013 年美国 Strategies in Light 会议上，晶能光电赵汉明博士报告目前晶能光电 45mil 的硅基大功率 LED 芯片发光效率已经提高到 130lm/W，产品封装后蓝光功率最高可达 615m/W，白光光通量最高可达 145lm，而 55mil 的硅基大功率 LED 芯片发光效率可达 140lm/W；2014 年中国台湾国际照明科技展中，晶元光电展出最新的 G9 豆灯，它是晶电 PEC（Pad Extension Chip）覆晶与高压（HV LED）技术相结合的产品，可解决过去狭小空间的散热问题，在光效 70lm/W 下，达到整灯光通量 200lm，CRI 为 80，晶电采用 PEC，具有运用介面热阻低、热传导快速的优势，加上 HV LED 晶片效率的提升，达到提高光效的同时能解决散热疑虑。

目前国内 LED 较为成熟的应用领域为建筑景观照明、大屏幕显示、交通信号灯、指示灯、手机及数码相机等用小尺寸背光源、太阳能 LED 照明、汽车照明、特种照明及军用照明等，其中建筑景观照明是我国 LED 最大的应用领域。在我国 LED 的未来市场，应用领域将向中大尺寸 LCD 背光源、道路照明、室内普通白光照明以及农业生产用人工光源、医疗用光源、LED 液晶投影机、DLP 背投用 LED 光源、航空照明光源、博物馆文物展示照明等新兴领域扩展。

（三）中国内地 LED 产业现状

中国内地 LED 产业起步于 20 世纪 70 年代，经过 40 多年的发展，已经形成了外延片生产、芯片制备、封装以及系统应用产品等完整的产业链。同时，我国半导体照明产业分布比较集中，已经初步形成珠江三角洲、长江三角洲、闽三角洲、环渤海湾四大区域，各区域产业链已初步形成，85% 以上的 LED 企业分布在这些地区。其中中游封装厂商数量众多，且主要分布在长江三角洲和珠江三角洲。

近年来，内地半导体照明产业保持了良好的发展势头，外延芯片企业的产能有了一定的提升，封装企业自动化水平提升较快，以道路照明为主的照明应用与产业有了突破性的发展。在产业规模迅速增长的同时，产业结构也有了较大的提升，龙头企业的带动作用继续扩大，产业集中度有所提升。

2013 年，我国半导体照明产业整体规模达到了 2576 亿元，较 2012 年的 1920 亿元增长 34%，成为 2010 年以后国内半导体照明产业发展速度较快的年份。其中上游外延芯片规模达到 105 亿元，中游封装规模达到 403 亿元，下游应用规模则高达 2068 亿元。

2013 年，我国芯片环节产值达到 105 亿元，增幅 31.5%。其中 GaN 芯片的产量占比达 65%，而以 InGaAlP 芯片为主的四元系芯片的产量占比为 25%，GaAs 等其他芯片占比为 10% 左右。自 2009 年开始的大规模的 MOCVD 投资潮在 2012 年降温后，2013 年进入理性增长阶段。截至 2013 年 12 月底，国内的 MOCVD 总数达到 1090 台左右，较 2012 年约增加 110 台，在新增加的 MOCVD 设备中已有国产 MOCVD 的身影。区域分布上主要集中在江苏和安徽，占到了我国 MOCVD 保有量总数的 44%。

2013 年，我国 LED 封装厂商崛起，LED 封装产业规模达到 403 亿元，较 2012 年的 320 亿元增长了 26%。其中 SMD 产量占总产量的 51.9%，成为最主流的封装形式，其次是 Lamp，占比为 38.4%，而 COB 占比约为 7.7%。2013 年封装环节的发展除了表现在产值产量的增长上，还表现在封装技术也逐渐成熟，COB 封装、共晶 EMC 封装、无金线封装等工艺和技术迅速发展，成为继续降低成本和提高可靠性的突破口。另外，在产品规格上，封装企业由以往的向大功率看齐，因应用户需求的导向，转变为加大了中功率器件的比重。

2013 年，我国半导体照明应用领域的整体规模达到 2068 亿元，虽然也受到价格不断降低的影响，但仍然是半导体照明产业链增长最快的环节，整体增长率达到 36%。其中通用照明市场在 2013 年启动迅速，增长率达 65%，产值达 696 亿元，占应用市场的份额也由 2012 年的 28% 增加到 2013 年的 34%。2013 年由于平板电脑的快速发展，以及 LED 背光液晶电视的渗透率继续提高，背光应用也保持了较快增长，增长率约 35%，产值达到 390 亿元。此外，LED 汽车照明、医疗、农业等新兴照明领域的应用也增长明显，在这些应用的带动下，除通用照明、背光、景观照明、显示屏、信号指示等应用之外的其他新兴应用领域增长幅度超过 25%。光通信、可穿戴电子以及在航天航空等领域的应用则成为 2013 年 LED 应用的亮点。

2013 年，我国半导体照明产业关键技术与国际水平差距进一步缩小，功率型白光 LED 产业化光效达 140 lm/W（2012 年为 120 lm/W 左右）；具有自主知识产权的功率型硅基 LED 芯片产业化光效达到 130 lm/W；国产 48 片至 56 片的生产型 MOVCD 设备开始投入生产试用；我国已成为全球 LED 封装和应用产品重要的生产和出口基地。

2013 年，我国芯片的国产化率达到 75%，在中小功率应用方面已经具有较强的竞争优势，但是在路灯等大功率照明应用方面还是以进口芯片为主，未来半导体照明仍有巨大的创新空间。此外，玻璃衬底 LED 外延技术、免封装白光芯片技术、软板封装技术（COF）等新技术在不断出现；LED 产品仍未定型，LED 产品规格接口、加速测试等技术正在发展中；随着信息智能化的发展，LED 光通信、可穿戴电子等超越照明的创新应用方向也不断涌现。半导体照明技术作为第三代半导体材料的第一个突破口，将带动第三代半导体材料在节能减排、信息技术和军事国防领域的发展。

（四）广东省 LED 产业现状

1. 广东省 LED 产业基本情况

目前，广东省共有 LED 企业 4000 余家，带动相关就业近 300 万人，已构筑起以深圳为龙头，中山、惠州、佛山、江门和东莞为珠三角产业带的 LED 产业集聚区，形成了从衬底材料、外延片、芯片、封装到应用的全产业链。其中，LED 上市公司 25 家，占全国 LED 上市公司总数的 60%，总市值近 1000 亿元。广东省 LED 产业在总体规模、企业数量方面，已成为国内最大和最集中的地区，并具有较强的产业扩张基础。据统计，广东省的 LED 封装产量约占全国的 70%，约占全世界的 50%。

广东 LED 产业的产品分布非常广泛，尤其在中、下游几乎涵盖了目前市场上所有的产品大类。广东省 LED 应用产品企业数量最多，封装企业次之，外延和芯片企业数量最少；在销售额方面最大的也是应用产品，近 50%，封装约 1/3，配套产品近 20%，外延部分相对较少。

通过人才引进、技术合作、参与国家和地方科技计划的实施，广东 LED 企业在功率型封装、全彩显示屏、LED 道路照明应用等领域已处于国内领先水平，产生了江门真明丽、德豪润达，东莞勤上，佛山国星光电，广州鸿利，深圳雷曼、瑞丰光电、洲明科技、联建光电等一批有影响力的企业。

2. 广东省 LED 产业技术状况

（1）生产技术。

LED 相关产品的生产由多个环节构成，不同的技术层次使得各环节生产技术的准入门槛不尽相同。在衬底材料、外延及芯片环节上，广东省企业的技术水平还不够高、市场竞争力还比较弱。广东省 LED 普通产品的封装能力很强，但是功率型 LED 产业化封装技术水平和国际先进水平之间还略有差距。但在功率型 LED 系统及应用方面取得了某些突破性进展，其中清华大学和东莞勤上光电股份有限公司共同研发的 LED 路灯达到了国际先进水平。事实上中国内地 LED 产业整体上都存在上游水平相对较低、市场竞争力弱的问题。应当说广东省在 LED 产业的封装和应用层次上具有国内领先的实力和较强的国际影响力。

（2）芯片生长、工艺和封装技术。

作为一个高端技术产业，LED 产业与现代化的工艺装备技术密不可分。目前，国内企业生产 LED 产业上游核心设备的技术能力还不够，如 MOCVD，这些大型高端技术设备主要还是从国外购买，但是我国部分研究所或公司已经致力于 MOCVD 设备的研发，并取得一定的成绩。如广东省工业技术研究院（广州有色金属研究院）已成立 LED 研究院，致力于 LED 产业关键技术的攻关与 MOCVD 设备产业化，广东昭信半导体装备制造有限公司，是专业从事 MOCVD 研发、制造、配套服务的高科技企业。LED 产业中下游关键技术装备的生产同国外相比差距较小，基本上逐步开始有自主产品。应用于封装的点胶机、背胶机、切脚机等全套封装技术装备基本上已经可以国产化，这些配套产品的完善有力地推动了广东省 LED 产业的发展。

（3）新产品开发能力及标准光组件。

广东省 LED 产业在封装和应用领域通过结合市场需求，不断地开发新产品、新技术来提升产业竞争力。许多企业越来越重视通过与研究院所、大专院校的合作提高自己的自主创新能力。其中以广东省半导体照明产业联合创新中心为主导，以广东省科学技术厅、国家半导体工程研发及产业联盟为指导，结合相关企业和单位及广东省高校、科研机构共同研发 LED 照明标准光组件。其主要研究内容为光组件各层级的形态结构、功能特性、标准接口、使用规范、检测方法、相关技术标准、专利以及产品编码体系。

（4）标准化。

作为一个新兴高科技产业，半导体照明和 LED 显示产业正成为照明和显示行业发展的重要推动力，面对无限商机，市场上不断涌现各种 LED 新企业，有些企业资金、研发能力、管理水平明显不足，导致市场上 LED 相关产品良莠不齐，影响了产品的应用与推广。在此背景下，广东省已经启动以 LED 路灯为核心的半导体照明产品标准的制定，并成立了众多科研院校、企业、检测单位组成的标准起草小组，全面参与标准或规范的制定工作。目前，我国已颁布 LED 照明各级标准共计 111 项，其中 LED 国家标准共 36 项，已立项并正在起草的 LED 国家标准共 8 项，拟立项 LED 国家标准共 20 项。已颁布的 LED 行业标准共 56 项，已颁布的 LED 地方标准共 19 项，台湾地区颁布的 LED 标准共 18 项。此外，LED 照明相关安全、性能等各类标准共 36 项。我国 LED 国家标准承继 LED 国际标准的特点，因此，LED 标准的制定得到了我国有关部门的高度重视。但是，LED 国家标准数量有限，尚不能完全覆盖产业链，如何在采用国际标准的基础上，结合我国 LED 产业大规模应用的特点，制定相应的 LED 国家标准的创新机制还有待建立。

（5）广东省 LED 应用推广工程。

按省政府 2012 年 5 月部署，珠江三角洲 9 市要在 2 年内完成路灯等公共照明领域的 LED 改造工作。而根据省科技厅最新统计显示，目前珠江三角洲各市 LED 推广改造工作已完成了 91%，其中东莞、中山、江门、肇庆已率先完成了改造任务。

据统计，2013 年全年累计招标 LED 灯 1321 批次，共 242 万盏，其中路灯及隧道灯 110 万盏，景观灯及室内灯 132 万盏。截至 2013 年底，全省已安装并投入使用的 LED 路灯达 120 万盏，完成总任务的 61%，2014 年将达到 200 万盏，应用规模居全国首位。

2014 年 5 月 24 日，"北美照明市场分析及渠道战略大会"在深圳召开，省半导体照明产业联合创新中心、深圳 LED 协会等单位联合发布了广东省 LED 产业运行监测报告。监测数据显示，2013 年，全省 LED 产业产值比上一年大幅增长，达到了 2811.03 亿元，而 2014 年第一季度的数据更加乐观，第一季度产值 592.96 亿元，同比增长 22.19%。

目　录

第一章　照明的基础知识

一、LED 照明基本介绍

（一）人类的照明史

照明对于人类活动有着重要的影响，古时候的人利用烧油、点蜡烛、煤气灯等方式获得灯光，甚至利用夜间可以发光的萤火虫作为光源。随着文明的进步，人类尝试各种方法以获得光源。

1879 年 10 月 21 日，在美国的一间实验室里，爱迪生把很细的碳化纤维丝封在一个玻璃泡里面，利用真空泵把玻璃泡里的空气抽走，再稳定地供给电压，使灯丝变成一个很稳定的明亮光源，电力照明的时代从此降临。白炽灯的灯丝最早以碳来制作，后来全都改用钨丝，因为钨的熔点高，不容易损坏，且光谱特性较佳，具有抗热抗冷的能力。白炽灯泡后来经过改良以适应特殊需求，因此可再细分为普通照明灯、高压和低压电灯、卤素灯、红外线灯等种类。但是大致而言，白炽灯泡若作为大型房间或大范围的空间照明器材，还无法满足人类的需求。日光灯（又称为荧光灯）可以说是室内照明非常重要的发明，现在全世界的室内照明绝大多数都是采用日光灯。日光灯管比起传统的灯泡来，具有使用寿命长、发光效率较高、照光面积大、可调整成不同光色等几项优点。日光灯的使用，满足了人类绝大多数场合的需求，虽然各式各样的电灯仍陆续在开发中，然而截至 20 世纪，人类依旧无法发明出比日光灯更符合人类需求的灯具。日光灯虽然有许多的优点，但最大的一个缺点就是日光灯管非常消耗电力，绝大多数的电能都消耗在热能上。此外，灯管中的汞对于地球环境的污染很大，因此，寻求新的照明设备引起了大家的关注。

在 20 世纪后期开始发展的白光发光二极管给照明业带来一线曙光。1996 年，日本日亚化学公司在 GaN 蓝光发光二极管的基础上，开发出以蓝光 LED 激发钇铝石榴石荧光粉而产生黄色荧光，所产生的黄色荧光进而与蓝光混合产生白光（蓝光 LED 配合 YAG 荧光粉），开启了 LED 迈入照明市场的序幕。LED 光源相对于传统的其他照明光源在性能各方面都有一定的优势，见表 1 - 1。随着目前 LED 技术的进步，白光 LED 的应用也逐渐普及，包括指示灯、携带式手电筒、液晶屏幕背光板、汽车仪表及内装灯，等等。未来 10 年内，白光发光二极管将普遍应用在照明上，成为 21 世纪人类的曙光。

表 1 - 1 　LED 光源与传统照明光源各方面性能的比较

光源	耗电功率/W	协调控制	发热量	可靠性	使用寿命/h
金属卤素灯	100	不易	极高	低	3000
霓虹灯	500	高	高	宜室内	3000
日光灯	4～100	不易	较高	低	5000～8000
钨丝灯	15～200	不宜	高	低	3000
节能灯	3～150	不宜	低	低	5000
LED 灯	极低	多种形式	极低	极高	100000

（二）LED 的发光原理

LED 作为光源其主要部件是发光二极管，发光二极管是由 III-IV 族化合物，如 GaAs、GaP、GaAsP 等半导体制成的，其核心是 PN 结。PN 结有内建电场，利用内建电场直接从两极注入电子和空穴，电子由 N 区注入 P 区，空穴由 P 区注入 N 区，电子和空穴在 PN 结处相遇复合发光，如图 1 - 1 所示。

理论和实践证明，光的峰值波长 λ 与发光区域的半导体材料禁带宽度 Eg 有关，即：

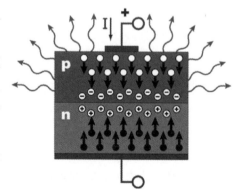

图 1 - 1　发光二极管原理图

$$\lambda \approx 1240/Eg \text{（nm）} \qquad \text{（式 1 - 1）}$$

上式中 Eg 的单位为电子伏特（eV）。若能产生可见光（波长在 380nm 紫光~780nm 红光），半导体材料的 *Eg* 应在 1.63~3.26eV 之间。现在已有红外、红、黄、绿及蓝光发光二极管。

（三）LED 照明的竞争优势及应用领域

1. 竞争优势

LED 光源被誉为照明之星，有其他光源不可比拟的优势，主要特点有：

（1）光效高，根据理论研究可达 350lm/W。LED 光效的发展速度很快，2007 年 2 月，美国的 Lumileds 宣布研制出色温为 4685K 的白光 LED，光效可达 115lm/W。2007 年 9 月，美国的 Cree 公司宣布研制出冷白光 LED，光效可达 129lm/W，暖白光可达 99lm/W。2008 年 7 月，德国的 OSRAM 宣布，将大功率白光 LED 在 350mA 驱动电流条件下的光效刷新到了 136lm/W（光通量为 155lm）。2009 年初，Cree、OSRAM 相继宣布了在实验室水平大功率白光 LED 的光效达到 160lm/W。2010 年 2 月，Cree 宣布其白光大功率 LED 芯片光效突破 208lm/W。2012 年 4 月，Cree 宣布，其白光功率型 LED 在标准室温，350mA 驱动电流、相关色温 4408K 条件下，实测光效达到 254lm/W。2013 年 3 月 27 日，Gree 公司宣布白光功率型 LED 实验室光效达到 303lm/W，再次树立行业的里程碑。

（2）寿命长，可达几万小时。由于其发光不受气体放电灯的电极消耗式的影响，所以不仅远远超过家电的寿命，而且超过汽车的使用寿命，这是任何其他类型的显示器件和照明器具无法相比的。目前飞利浦推出寿命 4 万小时的 LED 条形灯。

（3）体积小，重量轻。1W 封装的 LED 外形尺寸最小只有 0.7mm × 0.7mm，有的高度不足 2mm，尤其适合在小型和超薄型电子设备和装置中使用。工作温度范围为 -40℃~85℃。

（4）智能照明。由于 LED 可组合成不同大小功率的光源，可实现同一光源不同照明的控制，因而易于实现节能控制。

（5）色温色彩可调，不同颜色、不同色温的 LED 光会让人产生不同的心理感受。LED 小，易于实现色彩、色温的控制。

（6）启动速度快，可反复启动而不影响其寿命。不像白炽灯和气体放电灯需要预热，LED 可实现短时启动和重复启动，在应急照明中可最快恢复安全照明。气体放电灯在启动过程中大量蒸发电极放电材料，减低其寿命，而 LED 启动过程不影响其各发光部件。

（7）LED 是一种固态电光源，易于实现对光的辐射方向和发光面积的精确控制。在一些照明面积要求不大的应用领域，采用 LED 既可以满足照明要求，又不至于造成能源浪费。

（8）结构牢固。LED 是用环氧封装的半导体发光光源，其结构中不包含玻璃、灯丝等易损坏的部件，是一种实心的全固体结构，因此能够经受得住震动、冲击而不致引起损坏。LED 的这一特性使它可以应用于使用条件较为苛刻和恶劣的场合。

（9）发光体接近点光源，LED 的发光体芯片尺寸很小，在进行灯具设计时基本上可以把它看作点光源，这样能给灯具设计带来许多方便。

（10）可以做成薄型灯具，传统的照明光源向几乎向空间中的每一个方向发光。在设计照明灯具时，为了提高光线的利用效率，通常要用曲面反射器来收集光线，使之向所需要的方向照射。LED 发光的方向性很强，很多情况下只需用透镜将其发出的光线进行准直、偏折，而不需要使用反射器，这样设计的灯具厚度较小，可以做成薄型美观的灯具，尤其适合于没有太多灯具安装空间的场合应用。

从 LED 的发光特点来看，LED 除光效高、寿命长的优点外，还有其他光源所没有的单灯可调色调光、实现全彩的优点，使人类进入一个前所未有的。LED 就像是一个插上翅膀的照明光源，大大改善了我们生活中的光环境。

2. 应用领域

当前，在全球性能源危机日渐加剧，环保压力越来越大的时候，LED 光源所独有的节能、环保、安全、长寿、可靠性高等优点，使其成为世界公认的节能环保的重要工具，令人们对白光 LED 充满了期待。全球各个领域的广泛需求促进了 LED 的飞速发展，而 LED 技术的极大发展又在不断地扩大着 LED 照明的应用范围。

（1）显示领域：由于 LED 光源有体积小和亮度高的优点，可用于小型液晶显示器的背光照明，适用于手机、笔记本电脑等电子产品，随着电子产品的大量使用，对高亮度 LED 的需求也在不断地增长。同时，LED 的点阵显示技术，其低廉的成本和大型屏幕显示的特点相对于等离子体、液晶等显示技术，在户外等特殊环境中仍具有不可替代的优势。

（2）路灯照明：随着时代的发展，人们对路灯照明的要求不断提高，LED

光源与传统光源应用于路灯中相比，有节约能源、寿命长、维护成本低、安装方便等优势。而基于 LED 可视为点光源和方向性的特点，路灯系统设计时方便进行光学配光，如实现矩形光斑的照明特点。目前，LED 路灯发展迅速，国家也有如"十城万盏"之类的政策支持。

（3）汽车照明：由于 LED 灯体积小、省电、抗震等特点，所以在车灯照明领域有很好的市场。目前，一些发达国家的豪华车已经大量使用 LED 灯具。应用范围包括从车内的仪表盘、指示灯、照明灯，到车外的尾灯、转向灯、大前灯等。由于汽车前灯的技术要求较高，目前国内还未得到广泛的实际应用。

（4）装饰性照明：装饰性照明市场主要包括景观照明和室内装饰照明。生活中对景观照明要求既要有照明功能，又兼有艺术装饰和美化环境的功能。在城镇化发展的建设过程中，LED 对完善城市功能、改善城市环境、提高人们生活水平发挥了重要的作用；室内装饰照明主要体现在利用 LED 便于智能控制、色彩丰富的特点，在酒吧、商场等地起到制造气氛的效果。LED 通过智能控制可以实现色温可调，人们可以根据心情选择最佳的气氛照明，极大地提高人们的生活品质。

（5）室内通用照明：人类的生活离不开照明。目前市场上已经有多种品牌的 LED 室内照明用产品。基于 LED 多方面的优点，各类传统灯具基本被 LED 灯具取代，如 LED 面板灯、LED T8 灯管、LED 灯泡，等等。LED 照明进入该领域后，产生了更加显著的节能效果。只是在价格方面的优势尚不明显，随着 LED 技术的不断进步，其性价比也会有大幅度的提升。

（6）农业照明：目前 LED 农业领域创新主要在于应用创新和技术集成，主要集中在植物生长灯、诱鱼灯、选择性害虫诱捕灯、畜禽养殖灯，等等。LED 在农业领域的应用是 LED 照明市场上一个非常重要的组成部分，也是 LED 照明应用的一个主要发展趋势，随着技术和研究的不断发展与突破，近年来也得到了世界各国的高度重视。

LED 基于各方面的优势，使它拥有无限的应用前景和成为全球各个国家节约能源与推广绿色照明的首选。LED 将取代白炽灯、日光灯等传统光源已经成为必然的趋势，它将会是照明市场上的主导产品，而这是照明领域的一场新的革命。LED 光源在提升照明质量和效率的同时，能够节约能源，改善环境污染，有利于国计民生的和谐发展。LED 照明应用在世界各地掀起了高潮，被寄予了厚望，它的市场前景不可估量。

二、光、视觉与心理

（一）光与光度学

光波在电磁波谱里只占据很小的一部分，它的波长区间是从几个 nm 到 1mm，包括 X 射线过渡区（1nm 左右）、紫外线辐射、可见辐射、红外辐射线和无线电波段过渡区（1mm 左右），如图 1-2 所示。这些光并不是都能看得见的，人眼所能看见的只是其中的一部分（380nm～770nm），我们把这一部分光辐射称为可见光，也就是人视觉所能感受到"光亮"的电磁辐射。从广义上来讲，光指的是光辐射，而从狭义上来讲，通常人们所说的"光"就是可见光。在可见光中，波长最短的是紫光，最长的是红光。在不可见光中，波长比紫光短的光称为紫外线，比红光长的叫作红外线。

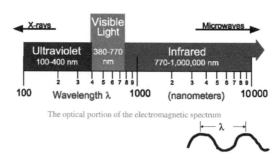

图 1-2 光波辐射能谱

把可见光的能量与人眼对它的接收特性结合起来进行研究的计量学科称为光度学（Photometry）。1760 年，朗伯（Lambert）提出了光度学的基本定律。如照明的可加性定律，照度的平方反比定律，余弦定律，等等。光度学的发展是和当时主要用作照明的光源的进步密切相关的。

辐射度量是用能量单位描述辐射能的客观物理量。光度量是光辐射能为人眼平均接受所引起的视觉刺激大小的度量，即光度量是具有人眼平均视觉响应特性的人眼所接收到的辐射量的度量。因此，辐射度量和光度量都可定量地描述辐射能强度，但辐射度量是辐射能本身的客观度量，是纯粹的物理量；而光度量则还包括了生理学、心理学的概念在内。常用的光度学基本量有光通量、发光强度、光出射度、光照度和光亮度。

1. 光通量（Luminous flux）

光源在单位时间内发出的光量称为光源的光通量，以 Φ_v 表示，单位为流明（lm）。它是根据辐射对标准观察者的作用导出的光度量，明确定义为能够被人眼视觉系统所感受到的那部分辐射功率的大小的量度。

$$\Phi_v = \frac{dQ_v}{dt} \qquad （式1-2）$$

光源的光通量 Φ 与该光源所消耗的电功率 P 之比称为光源的发光效率 η，单位为 $lm \cdot W^{-1}$。发光效率（简称光效）是表征光源将能源转化为可见光的能力，可见光效越高，照明产品就越节能。光效已经逐渐成为评价电光源产品性能主要的指标之一。

2. 发光强度（Luminous intensity）

光源在给定方向的单位立体角中发射的光通量定义为光源在该方向的光强度（简称光强）I_v，单位为坎德拉（cd）。坎德拉是国际单位制和我国法定单位制的基本单位之一，其他光度量单位都是由坎德拉导出的。1979 年 10 月，第 16 届国际计量大会通过将坎德拉重新定义为：一个光源发出频率为 540×10^{12} Hz 的单色辐射（对应于空气中波长为 555nm 的单色辐射），若在一定方向上的辐射强度为 $1/683$ W $\cdot$ Sr^{-1}，则光源在该方向上的发光强度为 1cd。

若在某方向 (θ, φ) 上某微小立体角 $d\Omega$（定义如图 1-3 所示）内的微小光通量为 $d\Phi(\theta, \varphi)$，则该方向上的光强为：

$$I_v(\theta, \varphi) = \frac{d\Phi_v(\theta, \varphi)}{d\Omega} \qquad （式1-3）$$

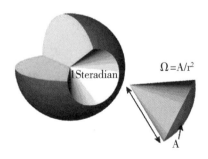

图 1-3　立体角定义示意图

若某辐射体的光强与角度的余弦成正比，称该辐射体为余弦辐射体或朗伯发光体。有：

$$I(\theta) = I_n \cdot \cos\theta \qquad (式1-4)$$

其中 I_n 指法向方向光强度，$I(\theta)$ 指与法向之间成 θ 夹角方向上的光强度。

3. 光出射度（Luminous exitance）和光照度（Illuminance）

光源面上一点处的光通量面密度为包含该点的面元上的光通量除以该面积面元，分为两种情况：光出射度和光照度。光出射度为离开光源表面一点处的面元的光通量 $d\Phi_v$ 除以该面元的面积 dS，即：

$$M_v = \frac{d\Phi_v}{dS} \qquad (式1-5)$$

可见，光出射度就是单位面积发出的光通量，单位为 $lm \cdot m^{-2}$。

光照度（简称照度）是表征表面被照明程度的量，它是每单位表面接收到的光通量。如微小的面积 dA 上受到的光通量为 $d\Phi_v$，则此被照表面的照度为：

$$E_v = \frac{d\Phi_v}{dA} \qquad (式1-6)$$

照度的符号为 E_v，单位为勒克斯（lx）。参照表 1-2，通过对不同环境的照度值的了解，我们对照度的大小会有更深刻的理解。

表 1-2　不同环境的照度值大小

环境	照度值/lx
晴天	30000～300000
阴天	3000～10000
日出日落	300
室内日光灯	100
黄昏室内	10
月圆	0.03～0.30
阴暗夜晚	0.0007～0.003
星光	0.00002～0.0002

照度和光出射度具有相同的量纲，其区别在于光出射度是表示发光体发出的光通量表面密度，而照度则表示被照物体所接受的光通量表面密度。对于接受光照后成为二次发光源的表面，其光出射度等于光照度乘以表面的反射系数 ρ。

$$M_v' = \rho \cdot E_v \qquad (式1-7)$$

4. 光亮度（Luminance）

光源在某一方向的亮度是光源在该方向上的单位投影面在单位立体角中发射的光通量。如在微小的面积 dS 和微小的立体角内的光通量，在该方向上的亮度为：

$$L(\varphi,\theta) = d^2\Phi(\varphi,\theta)/(dS\cos\theta \cdot d\Omega) \qquad （式 1-8）$$

将光强关系代入，可得：

$$L(\varphi,\theta) = dI(\varphi,\theta)/dS\cos\theta \qquad （式 1-9）$$

亮度的单位为坎德拉每平方米（cd/m^2）。亮度不仅可以用来描述一个发光面，而且可以用来描述光路中的任何一个截面，如一个透镜的有效面积、一个光阑所截的面积或一个像的面积，等等。此外，还可以用亮度来描述一束光，光束的亮度等于这个光束所包含的光通量除以这束光的横截面积和这束光的立体角。

（二）配光曲线

在各种照明场所中，灯具的重要性不言而喻。灯具本身的基本作用是让光源与电气连接，而在一般情况下，用户最关心的是这一盏灯是否能够照亮我们希望它照亮的地方，是否使我们感觉舒适；对于照明设计师而言，除了要熟知各种灯体的选材、透镜及反光系统之外，还必须根据灯具的配光曲线了解灯具投射的光斑质量，计算灯具的效率及空间内任意点的照度值，以此还可以计算空间区域内的照度分布情况，所谓的光学设计也是利用设计的光学元件来实现空间光强的重新分配，即配光曲线的变换。可以说，灯具的配光曲线是灯具的生命线。

1. 光源配光曲线的类型

配光曲线其实就是表示一个灯具或光源发射出的光在空间中的分布情况，它记录了灯具在各个方向上的光强。配光曲线按照其对称性通常可分为：轴向对称、对称和非对称配光。轴向对称又被称为旋转对称，指各个方向上的配光曲线都是基本对称的，一般的筒灯、工矿灯都是这样的配光；当灯具 C0°~C180°剖面配光对称，同时 C90°~C270°剖面配光对称时，这样的配光曲线称为对称配光；非对称指 C0°~C180°和 C90°~C270°任意一个剖面配光不对称的情况。

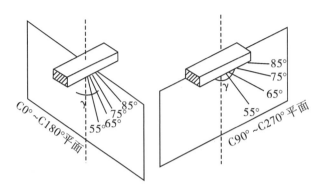

图 1-4 配光曲线常用的两个剖面的定义

2. 配光曲线的表示方法

配光曲线一般有两种表示方法：极坐标配光曲线和直角坐标配光曲线。

（1）极坐标配光曲线：在通过光源中心的测光平面上，测出灯具在不同角度的光强值。从某一方向起，以角度为函数，将各角度的光强用矢量标注出来，连接矢量顶端得到灯具极坐标配光曲线。如果灯具具有旋转对称轴，则只需用通过轴线的一个测光面上的光强分布曲线就能说明其光强在空间的分布，如果灯具在空间的光分布是不对称的，则需要若干测光平面的光强分布曲线才能说明其光强的空间分布状况。

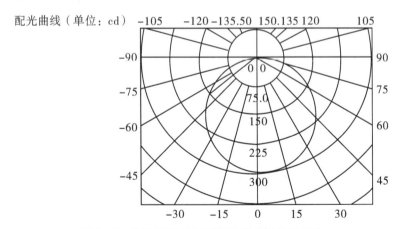

图 1-5 常见 LED 光源配光曲线的极坐标表示

（2）直角坐标配光曲线：对于聚光型灯具，由于光束集中在十分狭小的空间立体角内，很难用极坐标来表达其光强度的空间分布状况，因此采用直角坐标配光曲线表示法，以横轴表示光束的投角，以纵轴表示光强，如果是具有对称旋转轴的灯具只需用一条配光曲线来表示，如果是不对称灯具则需用多条配光曲线表示。

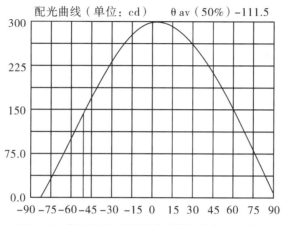

图 1 - 6　常见 LED 光源配光曲线的直角坐标表示

3．光束角与配光曲线

光束角：按照 CIE 国际照明委员会对光束角的定义，光束角（Beam angle）指垂直于光束中心线平面上，光强度等于50%最大光强度的两个方向之间的夹角（如图 1 - 7 所示）。用下面的式子表示：

$$\varphi = 2 \times \varphi_{\frac{1}{2}I_{max}} \qquad\qquad （式 1 - 10）$$

光束角反应在被照墙面上就是光斑大小和光强。光束角越大，中心光强就越小；光斑越大，光束角越小，环境光强就越小，散射效果就越差。用光强分布测试仪可以测得光源模块的空间光强分布，通过上面的表达式就可以得到光束角的大小。

配光曲线按照其光束角度大小通常可分为：①窄配光：光束角小于20°；②中配光：光束角大于20°小于40°；③宽配光：光束角大于40°。事实上，各个厂家对宽、中、窄没有严格的定义，或者说定义略有不同。

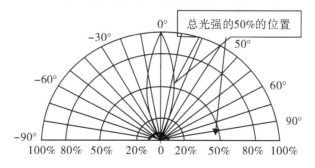

图 1 - 7　光源光束角示意图

（三）光源的色度参数

1. 光色与光谱功率分布

光的颜色和光通量、光强等光度量无关，光通量和光强只是表示光的发光量和亮度的参数。影响光的颜色的物理量是光在可见范围内的功率分布。影响光的颜色纯度的有峰值波长和光谱半波宽。

发光二极管的相对光谱能量分布表示在发光二极管的光辐射波长范围内，各个波长的辐射能量分布情况，通常在实际场合中用相对光谱能量分布来表示。一般而言，LED 发出的光辐射，往往由许多不同波长的光所组成，而且不同波长的光在其中所占的比例也不同。LED 辐射能量随着波长变化而不同，可绘成一条分布曲线：相对光谱能量分布曲线。当此曲线确定之后，器件的有关主波长、纯度等相关色度学参数亦随之而定。LED 的光谱分布与制备所用化合物半导体种类、性质及 PN 结构（外延层厚度、掺杂杂质）及所涂敷的荧光粉等有关，而与器件的几何形状、封装方式无关。

LED 相对光谱能量分布曲线的重要参数用峰值波长和光谱半波宽这两个参数表示。无论什么材料制成的 LED，都有一个相对光辐射最强处，与之相对应的有一个波长，此波长为峰值波长，它由半导体材料的带隙宽度或发光中心的能级位置决定。光谱半波宽 $\Delta\lambda$ 定义为相对光谱能量分布曲线上，两个半极大值强度处对应的波长差，如图 1 - 8 所示，它标志着光谱纯度，同时也

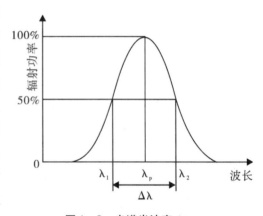

图 1 - 8　光谱半波宽 $\Delta\lambda$

可以用来衡量半导体材料中对发光有贡献的能量状态离散度，LED 的发光光谱的半宽度一般为 30 ~ 100nm，光谱宽度窄意味着单色性好，发光颜色鲜明。

2. 色温与相关色温

从前面我们可知，用光谱功率分布来表述光源的光色最精确，但有两方面的缺点：一是表述太复杂；二是表述不能直观反映光源的光色。所以，我们把光源的光与黑体的光相比较来描述它的色温。

当物体加热到高温时便产生辐射。一个黑体被加热，其表面按单位面积辐射的光谱功率的大小及其分布完全决定于它的温度。当物体被置于一个封闭的空容器中，使容器壁保持均匀的温度，并让物体的辐射能量通过壁上一个小孔向外发射时，这个小孔就相当于一个黑体。黑体的光谱辐射（出射度 M_e）完全依赖于容器壁的温度。黑体光谱辐射的出射度可以用普朗克辐射定律描述：

$$M_{e,\lambda}(\lambda,T) = c_1\lambda^{-5}(e^{c_2/\lambda T} - 1)^{-1} \qquad （式 1-11）$$

其中，T 为黑体的绝对温度（K），常数 C_1 为 $3.74150 \times 10^{-16} \text{W} \cdot \text{m}^2$，常数 C_2 为 $1.4388 \times 10^{-2} \text{m} \cdot \text{K}$。根据（式 1-11），可以得到黑体在不同温度下的相对光谱能量分布曲线（如图 1-9 所示）。可以看到，当黑体连续加热温度不断升高时，它的最大光谱辐射功率随温度急剧上升，其相对光谱功率分布的最大功率部位将向短波方

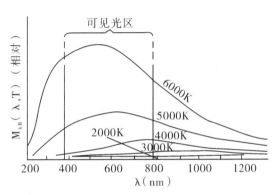

图 1-9　黑体辐射的相对能量分布

向变化。黑体不同温度的光色变化在 CIE1931 色度图上形成一个弧形轨迹，叫作普朗克轨迹或黑体轨迹。

当光源所发出光的颜色与黑体在某一温度下辐射的颜色相同时，黑体的温度就称为该光源的颜色温度，简称色温（CT），单位是开尔文（K）。例如，一个光源的颜色与黑体加热到绝对温度 3000K 所发出的光色相同，这个光源的色温就是 3000K。它在 CIE1931 色度图上的色度点应为 $x = 0.437$，$y = 0.404$，这正好落在黑体轨迹上面。表 1-3 为常见光源的色温。

表 1-3　常见光源色温

光源	北方晴空	阴天	夏日正午阳光	金属卤化物灯	下午日光	冷色荧光灯	高压汞灯	暖色荧光灯	卤素灯	钨丝灯	高压钠灯
色温/K	8000~8500	6500~7500	5500	4000~4600	4000	4000~5000	3450~3750	2500~3000	3000	2700	1950~2250

对于某些光源，它发射的光的颜色和各种温度下的黑体辐射的颜色都不完全相同，这时候就不能用一般的色温概念来进行描述。但是为了方便，通常选用与其光颜色最为接近的黑体的温度为该光源的相关色温（CCT）。显然，相

关色温用来表示颜色是比较粗糙的，但它在一定程度上表达了颜色。

3. 显色性

显色性，是指光源显现被照物体颜色的性能，也就是颜色逼真的程度。显色性好的光源对颜色的再现较好，所看到的颜色也就较接近物体的自然原色；显色性差的光源对颜色的再现较差，所看到的颜色偏差较大。光源的显色性，是由光源的光谱功率分布所决定的，光谱连续的光源显色性好，物体在该光源下，所呈现的颜色就较逼真。显色性用显色指数（CRI）定量地表示，CIE 显色指数是 14 种特殊规定的颜色中的任一种色样，是在等测光源下的颜色与在参照光源下的颜色程度一致时的度量。参考光源用日光或白炽灯光。要判定物体颜色，必须先确定光源，CIE 规定了四种标准光源。

标准光源 A：温度约为 2856K 的完全辐射体（黑体）发出的光，现实的标准光源 A 是色温为 2856K 的充气钨丝灯泡。

标准光源 B：在标准光源 A 上加一个特定的液体滤光器而得到近似 4874K 的黑体放射光，用来代表直射阳光。

标准光源 C：在标准光源 A 上加一个特定的液体滤光器而得到近似 6774K 的黑体放射光，用来代表平均昼光。

标准光源 D_{65}：表示色温约为 6504K 的合成昼光。CIE 还规定将色温约为 5503K 的 D55 和色温约为 7504K 的 D75 等标准光源，作为典型的昼光色度。

用特殊显色指数 R_i（$i = 1 \sim 14$）表示有关单个色样在被测光源下的显色程度，前 8 个色样的显色指数（$R_1 \sim R_8$）的平均值称为一般显色指数，用 R_a 表示，数值范围为 0 ~ 100。后来，显色指数中的色样又添加了一种东方女性的肤色。某一色样 i 的显色指数 R_i 称为特殊显色指数，它由下式求得：

$$R_i = 100 - 4.6\Delta E_i \qquad （式 1 - 12）$$

其中，ΔE_i 为色差。一般显色指数 R_i（或 CRI）由 8 个特殊显色指数（= 1，2…，8）取算术平均值求得：

$$R_a = \frac{1}{8}\sum_{i=1}^{8} R_i \qquad （式 1 - 13）$$

在（式 1 - 12）中，4.6 是规定参照照明体的显色指数为 100，标准荧光灯的显色指数为 50 时的调整系数。针对不同场所的不同用途，对光源的显色指数会有不同的要求，见表 1 - 4。

表1-4 不同应用场所对应的显色性要求

指数/Ra	等级	显色性	一般应用
90~100	1A	优良	需要色彩精确对比的场所
80~89	1B		需要色彩正确判断的场所
60~79	2	普通	需要中等显色性的场所
40~59	3		对显色性要求较低的场所
20~39	4	较差	对显示性无具体要求的场所

（四）眩光问题

眩光，是对过高亮度的一种感受，常常与过分的对比相伴在一起。它以两种不同的效果同时发生或分开发生，即失能眩光和不舒适眩光。

（1）失能眩光是因为不良照明会使眼睛的视觉反馈系统的精细调节控制系统失去平衡。过亮的光源还会产生其他的干扰，使视网膜像的边缘出现模糊，从而妨碍了对附近物体的观察，同时侧向抑制还会使这些物体变得更暗。这些效应统称为失能眩光。例如黄昏时在街上骑自行车尚可看见障碍物，可以大胆地前行。突然对面来的汽车，开足了汽车前照灯，使得骑车人不敢前行，因为眼前看不见任何东西，这就叫失能眩光，也叫生理眩光。

（2）不舒适眩光是指眩光源即使不降低观察者的视觉功能，也会造成分散注意力的效果。此外，亮度的进一步提高，会使控制瞳孔的肌肉把瞳孔收缩得更小，肌肉的过度疲劳会造成瞳孔本身的不稳定，这也是引起不舒适眩光的部分原因。例如在照明工程中，设计者用了大功率灯安装在不合适的地方，既浪费电又使人们讨厌，有的图书馆阅览室用了大量的灯，照度提得很高，希望人们喜欢，但却适得其反，许多读者不愿意去，宁可找其他的地方读书，为什么呢？就是因为坐在里面心里烦躁，这就是不舒适眩光，也叫作心理眩光。

不舒适眩光不能直接测量，但对于照明工程，只要确定主要的物理决定因素的相对效应就够了。即在观察方向上光源的亮度 L_s、背景亮度 L_b 和眼睛对光源所张的立体角 ω（弧度）。

不舒适眩光问题是决定照明质量的一个重要方面，从1926年美国的Holladay研究眩光以来，人们进行了大量的工作并导出了各自的评价公式，这些公式都把眩光感觉的大小与四个参数结合起来，这四个参数是眩光源亮度、眩光源的立体角、背景亮度以及视线与眩光源之间的位置（位置系数）。这些评价公式及理论有美国的视觉舒适概率（VCP）、英国的眩光指数（GI）、德国的眩光限制系统（亮度限制曲线也叫剪刀曲线法）、澳大利亚的亮度限制系统、北欧的眩光指数方法、近几年来国际照明委员会（CIE）的统一眩光指数（UGR）。

国际照明委员会（CIE）于 1995 年提出，用 UGR 作为评定不舒适眩光的定量指标，UGR 结合了许多国家提出的眩光公式并加以简化，这一方法得到了世界各国的认同。UGR 的基本公式：

$$UGR = 8\log \frac{0.25}{L_b} \sum \frac{L_s^2 \omega}{p^2} \qquad （式 1-14）$$

L_s 是光源的表面亮度（cd/m^2），ω 是光源的立体角（sr），L_b 是背景亮度（cd/m^2），P 是位置因子。

表 1-5　不同眩光指数相应的眩光感受

眩光指数 UGR	眩光标准分类
10	勉强感到有眩光
16	可以接受的眩光
19	眩光临界值
22	不舒适的眩光
28	不能忍受的眩光

眩光的统一公式是以荧光灯和显示屏为基础的统一的眩光公式，近年来随着 LED 点光源的出现，眩光理论需要进一步地发展。

眩光问题是照明应用中的一大问题，得采取一定的措施来加以限制，下面是控制眩光的一些比较可行的方法：

（1）限制光源的亮度或降低灯具的表面亮度。对于光源可采用磨砂玻璃或乳白色玻璃的光源灯泡或灯具，可以采用透光的漫射材料将灯泡遮蔽起来。

（2）可采用保护角较大的灯具。

（3）正确选择灯具形式，合理布置灯具位置和选择最佳的灯具悬挂高度。灯具的悬挂高度增加，眩光作用就减小。

（4）产生反射眩光的原因，主要是由于室内环境亮度对比过大以及光源通过光泽表面反射造成的。可以通过适当提高环境亮度，减小亮度对比，以及采用无光泽的材料来解决。

（五）人眼的视觉特性

1. 光谱光视效率函数

人眼对不同波长的光敏感度不同，在可见光谱区域，这种敏感度随波长的变化用光谱光视效率来表示，即先确定人眼对单色光的敏感度（引起视觉系统一定程度的标准反应所需的单色光强度的倒数），例如人眼在明亮的场所对555nm的光敏感，使人能感觉到的最小光强最低，其所对应的倒数最大，可以反映人眼的灵敏度。然后绘出此灵敏度与波长的一一对应函数关系（图1-10为明视觉光谱光视效率曲线）。因而，光谱光视效率不是一个单纯的物理参数或心理参数，而是一个心理物理变量，它是一个由视觉系统接受的光辐射能量经大脑整合后的一个参量，这种曲线是在通过人眼进行观测所获得的实验数据的基础上建立的。光谱光视效率函数是把电磁能量和光度量连接在一起的必要的桥梁，它实现了同时考虑辐射能量和考虑人眼作用后对照明特性的度量。可见，光谱光视效率的确受观测者的主观因素（心情、反应速度等）和客观条件（年龄、健康状况等）以及实验条件的客观因素（亮度水平、视场角、偏心度等）影响，建立光谱光视效率函数是一个复杂的实验过程。

若物体的光谱辐射分布为 $P(\lambda)$，即人眼接收光源的光通量 Φ 的计算公式为：

$$\Phi = K_m \cdot \int_{380}^{780} P(\lambda) \cdot V(\lambda) \cdot d\lambda \qquad （式1-15）$$

其中 Φ：光通量，单位 lm；$P(\lambda)$：光谱能量分布；$V(\lambda)$：光谱光视效率；K_m：最大光谱光视效率，明视觉时取值683lm/W。

可见，光谱光视效率函数是连接光谱辐射能量与光通量之间的桥梁。

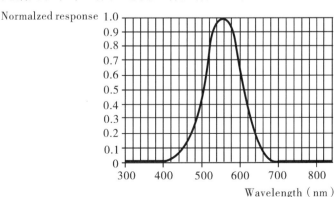

图1-10 明视觉光谱光视效率曲线

2. 明视觉、暗视觉和中间视觉

人眼存在有两种光感受器细胞——视锥和视杆细胞。视锥细胞对光的感受性很低，在感受光刺激时，有颜色感；而视杆细胞对光的感受性很高，却不能分辨颜色。根据两种感光细胞的不同特性，人眼的视觉根据亮度的变化可分为明视觉、暗视觉和中间视觉。根据国际照明学会（CIE）1983 年的定义，当处于明视觉指亮度超过几个 $cd \cdot m^{-2}$（通常认为超过 $3cd \cdot m^{-2}$）的环境，此时视觉主要由视锥细胞起作用，最大的视觉响应在光谱蓝绿区间的 555nm 处；暗视觉指环境亮度低于 $10^{-3}cd \cdot m^{-2}$ 时的视觉，此时视杆细胞是起主要作用的感光细胞，光谱光视效率的峰值约在 507nm 处；中间视觉介于明视觉和暗视觉亮度之间，此时人眼的视锥和视杆细胞同时响应，并且随着亮度的变化，两种细胞的活跃程度也发生了变化。一般从晴朗的天空到晚上台灯的照明，都是在明视觉范围内的；而道路照明和明朗的月夜下，为中间视觉范围；昏暗的星空下就为暗视觉范围。

在中间视觉状态下，人眼视网膜上的两种光感受器细胞——视锥和视杆细胞同时发生作用，当适应亮度逐渐由明到暗时，光谱灵敏度曲线逐步向短波方向移动，这种现象称为普尔金偏移（Purkinje Shift），如图 1-11 所示。由于这种偏移，对于夜间照明的设计、测量和计算仍沿用明视觉光谱光视效率 V（λ）的基础因而会产生不恰当的甚至是错误的结果。目前国际上照明界越来越多的专家注意到了这一现象，并从各个方面研究中间视觉照明下的特性及其对夜间照明应用的影响。

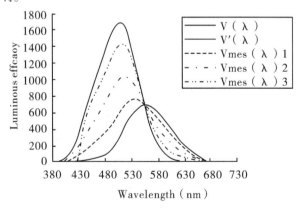

图 1-11 光谱光视效率函数随亮度降低而向短波方向偏移

3. 亮适应与暗适应

眼睛能根据环境的亮、暗进行适应。人眼对明暗环境的适应有两种：一种是眼睛从明亮环境到黑暗环境的适应过程，称为暗适应；另一种是指眼睛从黑暗环境到明亮环境的适应过程，称为亮适应。对眼睛来说，适应过程是一个生理光学过程，也是一个光化学过程。在生理光学阶段发生的是瞳孔大小的变化，在暗处瞳孔张大，直径可达 2～8mm，以使更多的光线通过它到达视网膜；而在亮处瞳孔则收缩，变得很小，经过瞳孔的光线随瞳孔的变化而变化，其变化程度可达 10～20 倍。视网膜上的光化学反应过程主要由视锥细胞和视杆细胞对光亮度的变化产生的色素化学反应来完成。亮适应的时间较短，通常仅为 0.001s 至数秒，2min 后可以完全适应。暗适应在最初 15min 中视觉灵敏度变化很快，以后就较为缓慢，半小时后灵敏度可提高到 10 万倍，但要达到完全适应需 35min～1h。明适应和暗适应过程中引起光感受的最小亮度值或最低光出射值随适应时间的变化如图 1-12 所示。在照明设计时必须要考虑人眼的适应问题，特别是在设计隧道照明时一般入口处要分三段不同亮度分布设计。

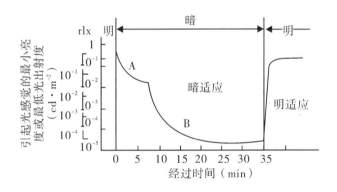

图 1-12 明适应和暗适应

（六）照明与气氛

光的亮度和色彩是决定气氛的主要因素。我们知道光的刺激能影响人的情绪，一般来说，亮的房间比暗的房间更为刺激，但是这种刺激必须和空间所应具有的气氛相适应。极度的光和噪声一样都是对环境的一种破坏。据有关调查资料表明，荧屏和歌舞厅中不断闪烁的光线会使人体内的维生素 A 遭到破坏，导致视力下降。同时，这种射线还能杀伤白细胞，使人体免疫机能下降。适度的愉悦的光能激发和鼓舞人心，而柔弱的光令人感到轻松和心旷神怡。光的亮度也会对人的心理产生影响，有人认为希望加强私密性的谈话区可以将照明亮度减少到功能强度的1/5。光线弱的灯和位置布置得较低的灯，可以使周围出现较暗的阴影，天棚显得较低，使房间看上去似乎更亲切。

室内的气氛也会因为不同的光色而变化。许多餐厅、咖啡馆和娱乐场所，常常用偏向暖色如粉红色、浅紫色的照明，使整个空间具有温暖、欢乐、活跃的气氛，暖色光使人的皮肤、面容显得更健康、更美丽动人。由于光色的加强，光的相对亮度相应减弱，使空间显得亲切。家庭的卧室也常常因采用暖色光而显得更加温暖和睦。但是冷色光也有许多用处，特别在夏季，青、绿色的光就使人感觉凉爽。应根据不同气候、环境和建筑的设计要求来确定光色。强烈的多彩照明，如霓虹灯、LED各色聚光灯，可以让室内的气氛活跃生动起来，增加繁华热闹的节日气氛，现代家庭也常用一些红绿的装饰灯来点缀起居室、餐厅，以增加欢乐的气氛。不同色彩的透明或半透明材料，在增加室内光色上可以发挥很大的作用，例如在国外，某些餐厅既无整体照明，也无桌上吊灯，只用星星点点的柔弱烛光照明来渲染气氛。

由于色彩随着光源的变化而不同，许多色调在白天阳光的照耀下，显得光彩夺目，但日暮以后，如果没有适当的照明，就会变得暗淡无光。因此，德国巴斯鲁大学心理学教授马克思·露西雅谈到利用照明时说："与其利用色彩来创造气氛，不如利用不同程度的照明，效果会更理想。"

三、非视觉效应与 LED 健康照明

（一）非视觉生物效应

非视觉效应源于2002年美国 Brown 大学的 Berson 等人发现了哺乳动物视网膜的第三类感光细胞，视网膜特化感光神经节细胞，这类感光细胞能参与调节许多人眼的非视觉生物效应，包括人体生命体征的变化，激素的分泌和兴奋程度。

光对人眼的非视觉生物效应的调节过程与前面所讲的映像视觉过程不尽相同，虽然它们同样是由人眼开始的，但非视光效应并不是把影像信息直接传递给脑后皮层视区，而是由视网膜上的神经节细胞将光信号传递到下丘脑通路（RHT），再进入到视神经交叉上核（SCN）、脑室外神经核（PVN）和上部颈神经结，最后传递到松果体腺。其中视神经交叉上核是内源性振荡器，是生物钟，振荡周期为 24.5h。正常情况下，主要依靠光的刺激调整生物钟，每天清

晨，光照把睡眠和清醒周期调整得与白天和黑夜的周期一致，以此实现生理节律的调节。人眼的视觉通道与非视觉通道如图 1 – 13 所示。

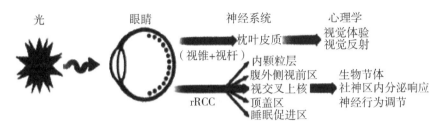

图 1 – 13　光进入人眼后的视觉通道与非视觉通道

光线通过这种新发现的感光细胞和单独的神经系统将信号传递至人体的生物钟，生物钟再据此调整人体大量不同的生理进程中的周期节律，包括每天的昼夜节律和季节节律。人体的昼夜节律，包括人体的体温、人体的警觉性、激素皮质醇以及褪黑素。

1. 激素与人体的周期节律的相互作用

激素皮质醇（压力激素）和褪黑素（睡眠激素）在控制人体的活跃度和睡眠方面起着重要的作用。其中激素皮质醇可增加血液中的糖分并为人体提供能量，同时增强人体的免疫系统；但是当激素皮质醇长时间处于过高的水平，人体会疲劳并且变得效率低下。早晨人体的激素皮质醇水平会增加，为人体即将来到的日间活动做准备。在整个白天活动过程中激素皮质醇均保持着较高的水平，午夜时分则降至最低水平。睡眠激素褪黑素的水平在清晨时会下降，以减少睡眠；而当环境变暗时会再度上升，以保证健康的睡眠（激素皮质醇正处于最低水平）。人体的周期节律不应过多被打乱，这对于良好的健康是非常重要的。当人体的周期节律出现紊乱时，清晨明亮的光线能够帮助恢复正常的周期节律。

2. 光线对人体周期节律的影响

在自然的情况下，光线（尤其是清晨的光线）使得人体内部的生物钟同步于地球的 24h 明亮—黑暗循环周期。假如没有规律的 24h 明亮—黑暗循环，人体内部的生物钟将呈现一种"自由运转"的状态："清晨型"人群的"自由运转"时间短于 24h；而"晚间型"人群的"自由运转"时间则长于 24h。人的平均"自由运转"时间可能在 24 小时 15 分钟到 24 小时 30 分钟之间。在环境时钟的调节下，自由运转时间和 24h 循环周期的差异，会使人体体温、激素皮质醇水平、褪黑素水平每天产生较大的偏差。

缺少"正常的"明亮——黑暗循环会造成人体的活跃性和睡眠的混乱，最后将导致人体在黑夜时分非常活跃，而在白天却十分嗜睡。出于同样的理由，乘坐飞机作跨越几个时区的长途飞行时也会出现同样的症状，即时差现象；三班倒的工作人员也有同样的经历，在每次倒班后的两天内会出现这种症状。

（二）LED 健康照明

很多人都在谈健康照明，但是能对健康照明有整体认识的人并不多，更多的是将健康照明片面地理解为光生物安全或光的非视觉生物效应。光生物安全当然是健康照明所需要考量的重要内容，例如蓝光的视网膜危害、紫外光对皮肤的损伤等，但是它只是健康照明的一个部分，其实，健康照明是一个富有内涵的话题，它综合包含了视觉、生理和心理的效应。

1. LED 健康照明的定义

照明是指利用各种光源照亮工作和生活场所或个别物体的措施。利用太阳和天空光的称"天然采光"；利用人工光源的称"人工照明"。人工照明在经历了白炽灯、荧光灯、高频荧光灯时期后，21 世纪将会因 LED 发光二极管的出现而成为新固体光源时代。照明的首要目的是创造良好的可见度和舒适愉快的环境。人类迫切要求健康地向前发展，健康照明也就应运而生。所谓健康照明就是一种有利于人类、环境和社会健康发展的照明。健康照明与绿色照明和舒适照明相比，更强调了照明要有利于人们的身心健康，同时健康照明保留了现有照明的行之有效的方法和成果，所以健康照明就是绿色照明、舒适照明和保健照明的合理整合。总之，为了满足人们对照明工程的要求，业内人士提出了 LED 健康照明的理念。LED 健康照明不仅能节约资源，有利于环境保护，满足人们的生理和心理舒适，而且还能消除致病因素，有利于身心健康，起到保健照明的作用。

2. LED 健康照明的最新研究进展

科学家曾对不同照明条件下工作人员的健康程度进行项目研究，下面介绍几个典型的例子。

科学家对舒适程度和压力程度的影响进行过各种研究。库勒（Kuller）和维特伯格（Wetterberg）在模拟办公室环境时，让被试者分别处于相对较高照度（17001x）的照明环境和相对较低照度（4501x）的照明环境中。他们发现被试者的脑电波图形（EEG）显示出极为明显的不同：较高照度的照明引起较少的三角波（脑电波图形中的三角波被视为人体睡眠的指标）。这就意味着较为明亮的照明对于大脑的中枢神经系统具有一种活跃的影响作用。

研究者以夜班工人为对象，对相关照明对于人的清醒程度和情绪影响做了大量调查——因为对于夜班工作人员这种作用可能最为强烈。在两种照明系统下，夜班工人工作时清醒程度的变化不同，这两种照明系统下的清醒程度在夜间均呈下降趋势，但是在较高照度的系统下清醒程度明显提高，因而具有更好的工作状态。

另有科学家对长期在室内工作的办公室人员所受的压力程度和抱怨度进行了研究。让一组被试人员在只有人工照明的条件下工作；另一组被试人员则在人工照明和日光照明相结合的条件下工作。1月份的太阳光线照射不是很充分，并不能满足照明等级的要求，两组试验人员几乎看不出有什么不同。但到了5月份，日光的确对该组试验人员非常有益，可在很大程度上降低压力抱怨等级。

除此之外，还有大量的研究显示，照明对人的生理、心理的许多方面都会产生影响，甚至连人们在白天所接收的光都会影响到夜间睡眠的质量。研究显示人眼处的垂直和睡眠质量有正相关系。

3. LED健康照明的视觉效应

人对外界信息的获得有90%以上来自视觉，所以影响照明健康的重要机制之一来源于视觉通道。光线穿过瞳孔、晶状体、玻璃体到达视网膜，然后被锥状细胞和杆状细胞接收，转换成电信号传递到大脑的视皮层，最后在大脑内转换成视觉信号。而在视网膜上存在着两种光感受器细胞：视锥和视杆细胞，视锥细胞按其对不同波长的光敏感性又分为红锥、绿锥和蓝锥。在不同波长的可见光照射时，三种视色素的漂白程度各不相同，它们的组合产生了颜色感觉，这也是颜色视觉的三色学说的神经基础。视杆细胞所包含的视色素是视紫红质，视杆细胞与有关的双极细胞以及神经节细胞组成的视杆系统对光的敏感度高，在弱光时占主导作用，不能分辨颜色，视物只有粗略的轮廓，精确性差。

在这个过程中，眼睛作为直接接触光的器官并且比较脆弱，最容易遭受损害，损害主要来源于两个方面：首先在不合适的照度、不均匀的光分布、强烈的频闪、眩光等条件下，容易造成视觉不舒适而引发视觉疲劳和视觉损伤。其次光能直接射入眼睛，其中就有高能量的紫光和蓝光，在通常情况下紫外线到达不了眼底。而蓝光是可见光里波长最短的一段，与紫外线相比，其具有较短的波长，正好可以穿过瞳孔、晶状体和玻璃体，到达人眼的视网膜；其与长波可见光相比具有较大的粒子能量，在适当的量值时将对人眼视网膜具有伤害性的作用。目前市场上广泛销售的白光 LED 利用蓝光芯片激发 YAG：Ce 荧光粉产生黄光，与部分没有吸收的蓝光耦合成白光发射，其在蓝光部分的峰值让人们对 LED 的蓝光危害有所顾忌。因此在制造 LED 照明产品时，应注意令其处于照明标准所要求的参数范围内，使用时应避免近距离对直射光源进行观测。

4. LED 健康照明的非视觉效应

人眼视网膜上除了上述两种感光细胞外，还存在第三类感光细胞（ipRGC），此种细胞虽然对于视觉感受没有直接帮助，但却可以将信号传递给大脑的生物钟调节器——视交叉上核（SCN），能调节生理节律和其他生物效应。如 Moore 等人发现 SCN（视交叉上核）通过室旁核（Sub Paraventricular Zone，SPZ），下丘脑和后交叉区（Retro Chiasmatic Area，RCA）脑干的两条通路参与人体自主神经调节。作为自主调节重要代表的心率调节，它是通过心脏窦房结自律活动交感和迷走神经精细调控产生作用的，而迷走神经中的副交感神经纤维是由脑干内的副交感核发出的，从而实现了照明对人体心率的变化影响。

不当的用光会影响到人的正常生物节律，甚者可能会导致癌症患病率（如乳腺癌等）的增加。2007 年国际癌症研究所（IARC）曾指出，夜间光照会打乱人体的生理周期，抑制褪黑素分泌，从而可能引发癌症。这个结论在 2009 年被美国医学联盟（AMA）以及国际暗天空协会（IDA）进一步证实。现在我们白天的生活环境和晚上的生活环境可能都是亮的，因为有那么多的人要上夜班，那么长时间生活在一个持续的光环境里，这对人的昼夜生物节律和健康是有影响的。人眼的非视觉生物效应对 460～490nm 的光最为敏感，这个范围同样与基于荧光粉的白光 LED 最大能量分布区间有较大重叠。LED 照明能调节人的生物节律，通过设计 LED 可以形成有利于人的健康的照明体系。例如某公司就根据一天中的不同时刻人体对光的需求研发了动态照明系统，这个系统通过在 8 点和 12 点两个节点时间给予高照度和高色温的光照条件，使工作者进入较佳的工作状态，并基于 RGB 调光和智能控制实现了不同场景的照明模式切换。

5. LED 健康照明的要求

LED 健康照明在许多的场合中都应达到以下三点要求：

（1）照度指标。

要符合照度指标要求，以办公场所要求举例：办公场所需合适的光源色温及显色指数，在办公场所一般选择大于 4000K 的色温，显色指数 Ra 大于或等于 75；照度应在 500～1000 lux 之间；有很好的眩光控制；灯具结构应具备电器安全性。

（2）视觉指标。

要将环境变得更具有视觉效果，使人更为舒适。紫外线对人的健康作用是非常明显的。它不但可以起到杀菌作用，而且适量的紫外线照射对抗佝偻病等具有治疗作用。但是在过量或长时间照射后，可能会产生皮肤癌，会引起白内障等眼疾，也会对免疫系统起抑制作用，导致疾病发生。所以健康照明的任务之一就是控制照明光源中的紫外线含量，消除致病因素。

（3）非视觉指标。

照明系统的设计者应将光线的非视觉效应的研究与有益于健康的照明环境相结合。具体要求是要处理好色彩的心理效应：颜色的爱好、颜色的记忆、颜色的情感性、颜色的联想和象征，色温与舒适感的关系，明暗感觉，动静感觉，光的构图效果，同时还要处理好色彩的物理和生理效应，尽力做到照明技术和艺术的统一，使人们身心愉快，达到保健照明的作用。

照明质量的评价也从原来单一的视觉效果评价，逐步过渡到视觉效果和非视觉效果的双重评价，尤其是后者与人体健康密切相关，它对人体生理节律及生物效应的影响，也使人们重新审视和思考照明质量的定义。只有真正掌握 LED 光谱的特性和光谱的可调，既充分考虑到光的辐射性，又考虑到光生物的安全性，以及人的视觉性的需要，才能达到一个更健康的 LED 应用的时代。

四、非成像光学设计

非成像光学理论起源于 20 世纪 60 年代中期，最初非成像光学主要用于需要设计高效率能量收集器的领域。随着社会的发展，生产力的提高以及资源消耗的日益加剧，传统的照明系统需要一个更为节能高效的设计。由于非成像光学在设计时彻底改变了光源的成像过程，相比传统的成像光学系统对光源成像造成的照明光斑照度不均匀现象，非成像光学控制光辐射的传输，主要可以解决两大类问题：一是光能的收集问题，其关注焦点在于光能的收集效率；二是光能的分配问题，其关注焦点在于如何实现预先给定的光场分布。

成像光学系统强调的是像的质量，可以用点列图、传递函数、波相差等指标来评价系统的好坏。但在照明系统的评价中，点列图、传递函数、波相差等方法已不适用，它强调的是光能的重新分配与光能的利用效率，因此，LED 二次光学设计属于非成像光学设计。成像光学也称为序列光学，指光线通过系统的光线元件有次序之分，进行系统设计一般使用的软件有 ZEMAX、CODE V 和 OSLO；与之对应，非成像光学也称为非序列光学，一般使用的软件有 Tracepro、ASAP 和 LightTools 等。

（一）非成像光学理论简介

大功率照明系统的设计通常包含以下步骤：确立照明目的、明确设计目标、计算该系统的光线、热学与电效率。在设计的过程中通常需要做一些简化处理，并选择优化设计方案。在这里，光学系统的光学、热学和驱动电路的设计是最重要的。

LED 灯属于朗伯发射体，发散角一般较大，通常在 110°～120°之间，如果在比较远的测试屏上接收光时，由于发散角过大，光能很难照射到测试屏上，会造成大量光能的浪费。如在路灯、室内照明、车用灯具等照明中，必须对它们的发散角进行调整控制，这就是所谓的 LED 二次光学设计。目前，LED 二次光学设计通用的办法就是加反光杯或者透镜对出射光进行控制，从而达到要求的光分布。如图 1-14 所示为非成像光学设计一般步骤的流程图。

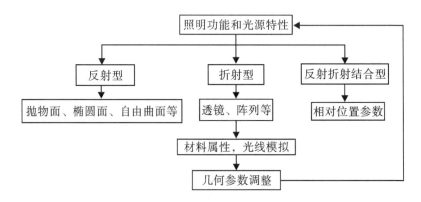

图 1-14　非成像光学设计流程图

在非成像光学中，评价光学系统的好坏不再是成像光学中的像差理论与像的质量，在照明中人们更关心的是照明光源在某一波长范围的辐射能量的多少、辐射能量在空间的分布情况以及被照明区域的亮度（照度）等问题，即需要考察基本的光度学参数是否达到了设计要求。除此之外，在照明中光能利用率也是一个很重要的指标。

1. 光学扩展量

光学扩展量（Eetendue）是非成像光学理论的重要概念之一，指的是光束所通过的面积与其所占的立体角的积分。由非序列光学的扩展量可以确定系统的能量利用率，进而可以确定系统的光度学参数。引进光学扩展量后，可以对光学系统的能量利用率进行评估，可以计算光源，光学元件，照明系统和成像系统的匹配性。

光学扩展量：

$$D = \int n^2 dxdydLdM \qquad (式 1-16)$$

其中令 $p = n \times L$，$q = n \times M$，则 (x, y, p, q) 构成一个四维空间，U 为四维空间的体积，有：

$$U = \int du = \int \int \int dxdydpdq \qquad (式 1-17)$$

(x, y, p, q) 构成的四维空间被称为相空间，与哈密尔顿相空间类似。因而系统的光学扩展量守恒也可描述为：入射光束经光学系统转换后，出射光束的相空间的形状，包括面积，空间角度，甚至相空间的坐标都可能发生改变，但相空间体积保持不变。光学扩展量通过理想的光学系统保持不变是基于系统能量守恒定律的，光学扩展量其实是通过光学系统某一横截面的某一空间角度上的光通量描述的。

2. 能量收集比

在图 1-15 表示的非成像光学系统模型中，光以 Ω 角度照射到光学系统的输入面，横截面面积为 A，输入光光线的方向为 L，光线出射处的横截面积为 A^*，输出方向为 L^*，输出角为 Ω^*，假设光学系统无反射、折射、吸收等能量损失，根据光学扩展量守恒有：

$$\sin^2 \Omega \times A = \sin^2 \Omega^* \times A^* \qquad (式 1-18)$$

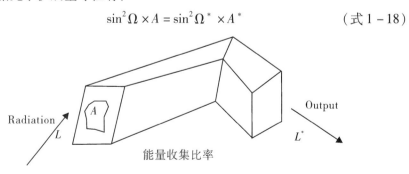

图 1-15 非成像光学系统模型

根据输入输出面可得面积和角度之间的关系，定义能量收集比率 C 为：

$$C = \frac{A}{A^*} = \frac{\sin^2 \Omega^*}{\sin^2 \Omega} \qquad (式 1-19)$$

对于一定的输入面积 A 及输入角 Ω，当 Ω^* 等于90°时，有理论最大收集比率：

$$C_{\max} = \frac{\sin^2(\pi/2)}{\sin^2 \Omega} = \frac{1}{\sin^2 \Omega} \qquad (式 1-20)$$

（二）非成像光学在 LED 照明中的应用

最初非成像光学主要用于需要设计高效率收集器的领域，随着社会的发展、生产力的提高以及资源消耗的日益加剧，传统的照明系统需要一个更为节能高效的设计。考虑到非成像聚光器能够实现高效的聚光，大角度的入射光经聚光器反射之后能被汇聚到一块较小的吸收面上。反之，若将光源放在聚光器的吸收面上，根据光路可逆原理，则能实现一个高效的照明系统。目前在一些照明领域，如道路照明、汽车前照灯以及投影机照明系统设计中已经应用了非成像光学的方法，从而取得了更好的照明效果。

由于非成像光学在设计时彻底改变了光源的成像过程，相比传统的成像光学系统对光源成像造成的照明光斑照度不均匀现象，非成像光学应用于照明系统能改善其照明效果。同时由于非成像光学把光能利用率作为评价系统设计的标准，基于此思想设计的照明系统其光效能得到有效的提高。相对于单纯的聚光理论，非成像光学在照明领域也发挥了巨大的优势。而且由于照明系统的光斑一般对形状和照度分布有具体的要求，因此在提高照明系统光效的同时，设计能任意分配光强的自由曲面光学器件也成了非成像光学的另一大发展方向。但是目前的照明系统一般采用白炽灯、荧光灯或者 HID 作为光源，此类光源体积较大。即使采用自由曲面光学器件，应用了上述光源的照明系统仍不能实现彻底的小型化。

LED 的出现解决了这一问题，作为一种固体发光器件，LED 不仅具有高光效、低能耗、长寿命，而且性能稳定、安全性好等优点，相比于其他传统光源，LED 厘米量级的光源尺寸也使其成为小型照明系统的理想光源。由于 LED 的发光特性不同于传统光源，因此需要针对 LED 的发光特性来设计相应的照明系统，采用自由曲面光学器件对 LED 进行二次光学设计，实现小型高效的 LED 照明系统。

1. LED 景观照明

景观照明包括商业街步行道路照明、商业建筑物户外照明、广告招牌照明、庭院照明以及保安照明等。在做景观照明设计时需考虑被照物周围光环境、照度期望值、灯具以及光源的选用等因素。对于灯具与光源的选用而言，除去 LED 绿色环保寿命长等各项优点，LED 还有光源体积小的特点，适合安装在任何建筑结构上而不影响其外观整体美感。但由于单个 LED 光通量无法与传统光源相比，因而一般采用 LED 阵列的形式。若使用传统的灯具，会造成光源出射角过大，无法全部利用 LED 出射光，出现能力损失严重等问题。如果配合自由曲面光学器件，则能克服其发光角大的缺点，在提高能力利用率的基础上实现所需照明，同时灯具结构紧凑，更能体现 LED 体积小的优点。

2. 汽车车前灯照明

超高亮度的 LED 可以做成刹车灯、尾灯和方向灯，也可用于仪表照明和车内照明，它在耐振动、省电、寿命长方面比白炽灯具有更明显的优势。目前欧盟委员会已经批准奥迪和丰田等公司将 LED 车前灯安装在汽车上。德国海拉公司设计生产的 LED 车前灯，每个 LED 光源前配有一面自由曲面透镜，照明路面的某一区域时，各 LED 照明会叠加形成所需的照明光斑。采用 LED 光源和自由曲面光学器件的车前灯不仅具有很高的能量利用率，而且车灯的前后距离较短，使得整个车型具有更大的设计空间。在传统光源的车前灯照明系统中，自由曲面反射镜已经得到了广泛应用，使得车型更为美观，能量利用率更高。

3. LED 手电筒照明

传统的灯泡手电优点是光谱连续，光色舒适，但是寿命短，并且在低功率下效率较低，电量不足的时候也会很快变黄变暗，而 LED 产品在功率较低的时候发光效率基本不变，光色也不会有明显改变。LED 为半导体固体光源，抗震动能力强，可以经受各种剧烈的抖动和碰撞，这一特性使得 LED 手电特别适用于警察、保安、户外探险者等特殊人群。

在远距离照明时对手电的出射角要求比较高，而 LED 本身发光角比较大，为了提高 LED 手电的远射性能，减少光散射，令聚焦更准确，使光束平行射出，减少硬光下的光斑现象使得光线更加柔和，厂家除了不断改进 LED 的封装之外，也在尝试通过自由曲面透镜来改善出光效果。

4. LED 路灯照明

道路是向纵向延伸的矩形区域，因此道路照明灯具应将光源发出的光线在空间上合理分配，最终在路面形成亮度均匀的矩形光斑。目前，用于道路照明的 LED 多为大功率白光 LED，考虑到 LED 的光效随电流的变化，通常选择它的工作电流为 350mA，即单颗功率约为 1W。这类 LED 的光强曲线多接近于朗伯分布，若不经光学设计，简单地将 LED 以阵列的形式排列组合成照明系统，那么最终在路面得到的只能是中心亮四周暗的圆形光斑，势必造成能量和成本的浪费。因此，必须对 LED 进行二次光学设计以使其在路面上形成一个亮度均匀的矩形照明区域，充分、有效地利用光源的光通量，实现理想的照明效果。

目前，LED 路灯的配光方法有很多种，最常见的有以下两种：第一种方法是弧形排列的 LED 路灯。单个 LED 模组采用轴对称的全反射透镜或反光杯进行配光，透镜配光的辐射角宽度足以覆盖道路的宽度；再将 LED 模组排列在一个弧面上，通过调整弧面的曲率在道路方向产生一个长方形的光型分布面。这种 LED 路灯的二次光学元件（透镜或反光杯）的设计和加工较为简单，引入全反射透镜可以最大限度地提高光的利用效率。透镜需要产生一定的角度以便在要求的高度位置覆盖住所需的道路宽度，而道路方向的配光则通过 LED 排列的弧面来调整。弧面排列的 LED 路灯比较美观，不利因素是弧面的排列使高功率 LED 的散热板设计和灯头的结构设计比较麻烦。第二种方法是平面排列的 LED 路灯。这种 LED 路灯的设计采用了 XY 方向非对称的长方形配光的自由曲面光学元件（透镜或反光杯），长方形的配光直接在单个 LED 光学元件上完成，整个路灯只需将具有长方形配光的 LED 模组简单地排列在一个平板上即可。这种 LED 路灯在机械结构、散热及电源控制方面比较简单，不同等级公路和不同灯杆高度的道路照明只需要增加不同数量的 LED 模组即可，由于配光为长方形非对称分布，简单轴对称的全反射透镜无法实现，需要采用非对称自由曲面的透镜，透镜的设计和加工工艺比较复杂。

第二章 户外照明

一、户外照明的应用现状

（一）大功率户外照明的需求

户外照明泛指在户外使用的各种照明产品，既包括各种传统光源的户外产品，也包括各种 LED 光源的照明产品。随着人们生活水平的不断提高和 LED 照明技术的快速发展，道路照明、景观照明、汽车照明的应用也得到了发展，这些基本占了大功率照明中的 85% 以上，而在景观照明领域基本上都是 LED 照明产品。

只有当人们有在夜晚出行的需求时，才出现了道路照明。同时，人们对于道路照明的要求也随着时代的发展而不断提高，从仅要求照亮路面使人们察觉道路情况，到使人们识别道路上是障碍物还是行人，再到使驾驶员辨认行人的特征。

生活中要求景观照明既要有照明功能，又兼有艺术装饰和美化环境的功能。在城镇化发展的建设过程中，景观照明对完善城市功能、改善城市环境、提高人们的生活水平发挥了重要的作用。

一直以来汽车照明都是汽车行业的一个重要的研究和开发领域，汽车前照灯的主要功能是照亮道路，让驾驶者能够监视道路情况，及时看清障碍物并做出反应，保障其行车安全顺利，同时，前照灯射出的灯光也可以给对面来车作为识别信号。

（二）传统光源应用于户外照明的现状

由于道路照明的特殊情况，即需长时间工作、悬挂高度高、不宜频繁更换等，目前所使用的光源一般都具有光效较高、寿命较长的特点，例如高压钠灯、金卤灯、无极灯等。在目前技术较为成熟的光源中，高压钠灯的光效最高，一般可达到 100～120lm/W，使用高压钠灯作为道路照明的光源，能耗较低。而无极灯，由于其依靠电磁感应而发光，对于悬挂高度较高、不宜频繁更换的道路照明灯具而言，寿命长毫无疑问是其最大的优势。

当然，高压钠灯在所有的光源中，显色性较差。使用高压钠灯作为道路照明，仅仅能帮助驾驶员察觉道路情况，或者辨识道路障碍物，在同样的道路、同样的照明下分辨物体的颜色和细小特征有难度。无极灯的技术在逐步走向成熟，但其配光仍然是制约其作为道路照明主流光源的一大阻碍。

早期汽车前照灯所使用的光源为白炽灯泡，后来逐渐被卤素灯所代替，在之后 HID 氙气灯出现并成为汽车前照灯的主流，HID 氙气灯利用气体放电的原理来产生电弧激发出光，亮度约为一般卤素灯泡的 3 倍，并且寿命更长，耗电远低于卤素灯泡。目前的汽车灯市场主要由卤素灯和 HID 氙气灯占据，HID 氙气灯目前还在初始阶段，主要产家有佛山雪佛莱（年产量 5 亿个），中山海迪（osram/Philips/Ge 贴牌厂家，年产量 8 亿个）和其余大大小小近 200 个厂家。然而，这些传统光源均属于真空或充气的玻壳灯具，在亮度、寿命、体积、发热度、色温调整与坚固性等各个方面均存在着致命的弱点。

（三）LED 应用于大功率户外照明的趋势

随着 LED 技术的日趋成熟，目前市场上已经量产的 1W 大功率白光 LED 光源的光效已经超过了 100lm/W。2010 年，在实验室的研究水平，最高光效达到了 208lm/W。

正是认识到 LED 照明产业对未来的重要性，目前，美国、日本、韩国等国都制订了相应的国家半导体照明发展计划，并投入了大量的资金和技术。我国也在 2003 年 6 月在科技部牵头成立了"国家半导体照明工程协调领导小组"，提出了我国半导体照明工程发展的总体方针，并在"十五"规划中紧急启动了半导体照明产业关键技术攻关项目。正是在这种背景下，2008 年的北京奥运会和 2010 年的上海世博会大量采用 LED 灯具，经媒体的报道让人们对 LED 有了全新的了解，对中国 LED 照明产业的发展起到了很好的推动作用。

在道路照明上，LED 逐渐显露出吸引力和竞争力。拓璞产业研究所指出，中国内地在"十城万盏"等政策的带动下，将深圳、重庆、成都、天津、绵阳、郑州等 21 个大中型城市列为核准城市，推动 LED 照明应用示范工程。我国在"十一五"期间对 LED 汽车灯进行了重点部署和研发，国家 863 计划

"半导体照明工程"重大项目，"十一五"首批启动课题中就安排了"车中 LED 光源系统开发""轿车前照大灯集成技术研究"和"大功率 LED 车灯研究及规模化应用"三个相关研发课题。

（四）LED 在户外照明应用中的优势及问题

LED 现在已经被人们称为第四代光源，大功率 LED 在户外照明中与传统光源相比具有众多的优势：

（1）节能和环保。

目前主流的商品化大功率 LED 光源的光效已达 100lm/W，已经超过了荧光灯（70lm/W）和小功率的高压钠灯（90lm/W），城市路灯照明节能的改造成为可能。LED 灯具不再含有大多数传统灯具（采用荧光灯、汞灯、钠灯、金卤灯的灯具）都含有的有害物质汞，也不产生对环境有害的紫外线，是名副其实的绿色灯具。

（2）寿命长且色彩可调性。

LED 灯即半导体照明灯，比白炽灯省电 80%，比荧光节能灯省电 50%。白炽灯的寿命为 1000~2000h，而 LED 光源的平均寿命大于 50000h，在具有散热良好的灯具中还可以进一步延长，这是节能灯寿命的 10 倍，高品质 HID 光源的 5 倍。LED 光源可利用红、绿、蓝三基色原理，在计算机技术的控制下使三种颜色具有 256 级灰度，并能任意混合，形成不同光色的组合，实现丰富多彩的动态变化效果及各种图像。

（3）安全可靠且灯具效率高。

LED 处于低电压直流工作状态，而且工作稳定，这是 HID 光源所不具备的，它比传统灯具更适合工作在对温度、电气指数敏感的区域（如加油站、化工工业区）。普通的荧光灯是 360°发光的，而对反方向发出的光就没有什么用处，造成了不必要的光源消耗。LED 日光灯则是 120°发光的，所以全部都是有效光。而且这个发光角度是可以根据需要来加以调整的，非常灵活适用。

我国 LED 照明产业可谓产业热、市场冷。LED 照明企业发展迅速，但是规模小、质量参差不齐、无统一标准、性能不稳定、互换性差、价格高、产业链不完整等，这些都是制约 LED 户外照明发展的因素。总的来说，我国 LED 户外照明存在的问题主要表现在以下几大方面：

（1）技术不成熟。

我国 LED 户外照明技术仍是制约其发展的关键因素，特别表现在其电源系统的不稳定性、外延片与芯片上的技术不成熟。同时，LED 的技术水平还更多地体现在系统设计、结构设计、散热处理以及二、三次光学设计上，这些技术的高低影响着 LED 户外照明产品的质量，而我国的企业对这些技术的掌握并不高。

（2）LED 户外照明全面推广难。

LED 户外照明因政府政策的扶持，特别是 LED 路灯的建设，获得了一定的发展。但 LED 路灯因色温、显色性和眩光等主要参数尚未确定，加上其高价格以及灯饰标准和 LED 路灯的道路路面测试方法标准的未制定，给 LED 户外照明的全面推广带来麻烦。

（3）我国 LED 户外照明市场混乱。

国内 LED 照明相关企业有 3000 多家，应用企业超过 2000 家，上规模的封装企业约 600 家，外延以及芯片企业有 42 家。而众多不知名的小企业在不明确技术的情况下抄袭、跟风的"恶习"搅乱了 LED 照明市场，使市面上的 LED 呈现质量差、技术含量低等特点，同时导致了整个 LED 产业的恶性竞争。

（4）价格过高。

当前同等照度的 LED 灯具价格仍然是传统灯具价格的 4 倍左右，这对 LED 的推广和普及来说仍然是一个较大的障碍。

二、户外照明相关产品介绍

一般来说，室外照明产品基本可分为两大部分：一是功能性照明：投光灯产品，路灯产品，隧道灯产品，加油站灯产品等；二是装饰性照明：庭院灯产品，草坪灯产品，户外壁灯产品，埋地灯产品，水底灯产品等。

（一）功能性照明产品

1. 投光灯照明产品

（1）投光灯产品相关概念。

投光照明：一般包括泛光照明和重点照明，是指使室外的目标或场地比周围环境更明亮的照明。它是构成城市景观的重要因素，是建筑物晚间的盛装。它使广告牌夜间更醒目，使观众能看清或摄像机能拍摄清楚运动场上比赛的情景。

投光灯：利用反射器或玻璃透镜把光线聚集到一个有限的立体角内，从而获得高光强照明的灯具称为投光灯。

（2）投光灯产品特点。

投光灯类灯具灯体均为铝合金高压压铸成型，表面喷涂树脂漆，坚固、耐腐蚀，散热性能佳，使用耐高温硅橡胶密封圈，灯具防护等级达 IP65，电源和光源分离，灯体一般采用独特的裙锯状设计，利于散热，延长使用寿命。反射器采用高纯铝材料，并经过阳极氧化处理，具有高反射，低衰耗的特点。同样的外壳可以配多种不同光源，满足不同光通量、显色性或色温要求。近年随着 LED 照明产品的迅猛发展，LED 光源的投光灯已经成为市场的主流产品。

图 2 - 1　投光灯产品

（3）投光灯产品适用场所。

大功率投光灯主要适合超远距离投射的大面积场所、建筑立面，特别是体育场馆等需要优质水平及垂直照度、精确眩光控制以及彩色电视（CTV）转播等要求的高质量照明区域。

图 2 - 2　大功率投光灯的应用

中小功率投光灯可广泛用于教堂、建筑立面特殊泛光、各种广告牌、停车场、广场、体育馆等场所。

图 2 - 3　中小功率投光灯的应用

2. 路灯照明产品

（1）路灯产品特点。

路灯照明产品包括传统光源的高压钠路灯（目前是市场的主流产品），金卤路灯，大功率节能路灯和目前正在迅猛发展的 LED 路灯。

路灯灯体一般为铝合金压铸成型或冷轧钢板冲压成型，表面喷涂树脂漆，坚固，耐腐蚀，散热性能佳，使用耐高温硅橡胶密封圈，电箱防护等级 IP65。LED 路灯灯体一般采用多鳍片设计，大幅增加散热，延长使用寿命。配光可采用透镜或反射器，能提供精准的蝙蝠翼配光，满足道路照明的照度要求，目前采用 LED 光源的路灯一般路面照度为 20 ～ 25Lux。

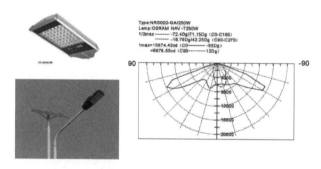

图 2 - 4　路灯产品和路灯蝙蝠翼配光曲线图

近年来 LED 路灯发展迅速，LED 路灯由于高效、节能、环保，正在成为市场的主流，各地新项目普遍采用 LED 路灯，同时 LED 路灯也正在成为替换传统光源路灯的首选产品。特别是目前 LED 太阳能路灯由于不用电源正在成为乡村公路的首选产品。

（2）路灯产品适用场所。

路灯适用于高速公路、城市道路、大型立交、广场、小区人行道等户外场所。

图 2 - 5　路灯的应用场所

3. 隧道灯产品

(1) 隧道灯产品特点。

目前隧道灯产品主要有高压钠隧道灯、荧光隧道灯、金卤隧道灯和 LED 隧道灯，目前 LED 隧道灯已逐渐成为隧道照明市场的主流。

LED 隧道灯产品外壳为一次成型铝型材，强度高，重量轻，表面氧化处理，两端盖为铝合金压铸，表面用静电喷涂处理，与铝型材本体连接牢固，内置防水密封圈，防护等级 IP65。

图 2-6　多种隧道灯产品图

(2) 隧道灯产品应用场所。

隧道灯具适用于隧道、收费站、高架桥底等场所。

图 2-7　隧道灯的应用示意图

4. 油站灯产品

(1) 油站灯产品特点。

油站灯主要包括高压钠油站灯、金卤油站灯、荧光光源油站灯和近年普遍应用的 LED 油站灯，安装方式分为吸顶式和嵌入式。灯具主体为铝合金压铸成型，目前主流产品光源为金卤灯和 LED 灯，防爆等级符合《爆炸和火灾危险环境电力装置设计规范》，防尘防水等级为 IP44。

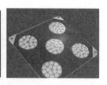

图 2-8　油站灯产品

（2）油站灯产品应用场所。

油站灯适用于加油站、收费站、机场候机厅、客运站、立交桥底、会展中心、大型商场等照明场所。

图 2-9　油站灯的应用场所

（二）装饰性照明产品

1. 庭院灯产品

（1）庭院灯产品特点。

庭院灯产品属于景观照明的一大类别。它是指可在白天起到装饰空间作用的非投光类灯具，并在夜晚能起到局部和点缀性照明的作用。一般分类为：①透光罩型；②光柱型；③二次反射型。由于产品为装饰性照明，因此对配光要求不高，光源多为荧光光源和 LED 光源。

图 2-10　各类造型的庭院灯

（2）庭院灯产品应用场所。

灯具外形设计优雅大方，拥有优异性能和对照明光型的精确控制，适合应用于林荫道路、滨江道路、公园、广场、住宅小区、商业区、高档休闲场所。

图 2 - 11　庭院灯的应用场所

2. 草坪灯产品

（1）草坪灯产品特点。

草坪灯产品分为 HID 草坪灯、卤素草坪灯、紧凑型荧光草坪灯和 LED 草坪灯，目前太阳能 LED 草坪灯正在成为市场的主流。外形各式各样，普遍外形优美，有较高的技术装饰性。

图 2 - 12　草坪灯产品图

（2）草坪灯产品应用场所。

灯具外观新颖、现代，适合应用于草坪、广场、公园、小区等场所作为装饰性照明。

图 2 - 13 草坪灯的应用

3. 埋地灯产品

（1）埋地灯产品特点。

埋地灯是一种嵌入地面安装、供周围环境照明、装饰的户外专用灯具。在城市环境照明设计中，埋地灯灯光工程已成了非常重要的组成部分。埋地灯灯体为金属零件，防水等级要求较高，一般要求为 IP65，部分场所要求甚至达到 IP67。

灯具按照光源类型主要分为：①金卤埋地灯；②高压钠埋地灯；③卤素埋地灯；④紧凑型荧光埋地灯；⑤LED 埋地灯。LED 埋地灯以其色彩丰富，图形颜色变化多样的优点，现在已经成为市场的主流。

图 2 - 14 埋地灯产品图

（2）埋地灯产品应用场所。

主要适用于建筑立面、雕塑、石像、植物、步行街、广场、路径指示或其他庭院的装饰照明，主要起到既安全，又美观的作用。

图 2 - 15 埋地灯的应用示意图

4．水底灯产品

（1）水底灯产品特点。

目前水底灯产品主要有 LED 水底灯，其外壳结构材质为铝合金或不锈钢，灯具密封可靠，可调节灯光角度，使用低压电源，安全可靠，耗电少，使用寿命长，结实耐用，光的颜色可调节控制。水底灯是水下景观的专业照明灯具，在市场上也被称为"水下彩灯"。

全封闭式水下灯：其光源全部安装在防水的灯壳内，光线通过灯具的保护玻璃处射出。用密封圈进行防水，其防水密封程度靠机械压力来保证。

半封闭式水下灯：其光源的透光部分直接浸在水中，而光源与电源的接线部分在密封的灯壳内。

图 2 - 16　水底灯产品图

（2）水底灯产品应用场所。

水底灯主要用在水族展览馆、水池雕塑、广场喷泉、游泳池等场所，起到既安全，又美化环境的作用。

图 2 - 17　水底灯适用场所示意图

三、大功率 LED 户外照明系统的开发

虽然 LED 户外照明在近几年发展得很快，但是要想大规模地应用于人们户外生活之中，取代传统高压钠灯或者金卤灯成为户外照明的主流光源还面临着一些需要解决的难点。这些挑战主要体现在光学设计、散热技术和驱动电路三个方面，而其中以光学设计为核心难点，因为对于影响行车安全的道路照明设计，各国都有着严格的标准限制，主要评价指标包括平均照度、总均匀度、纵向均匀度、眩光限制和照明功率密度等参数。

（一）照明系统的光学设计

对光源采取合理的二次光学设计是十分有必要的。一方面，LED 是新一代的节能光源，但是在大多没有经过专门设计的 LED 照明系统中，它并不能像想象中的那样节能。这主要是因为，由于没有经过二次光学设计，光能在视场中的分布并不能达到特定的要求，因此，有些照明系统盲目地增加 LED 灯珠的数量，这就造成了光能、电能的浪费。另一方面，某些专门场合的照明，如交通指示灯，对光源发出的光分布范围是有严格要求的，这些灯具不仅仅要考虑到节约，而且要求光源要安全、有效地工作。

一般来说，由于 LED 外延片都是四面发光的，且制造出来的 LED 发光芯片尺寸非常小，需要将其出射的光线尽可能多地引出，并达到理想的发光强度、出光角度、均匀性等照明效果。因此，这就需

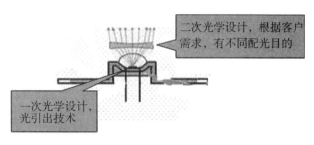

图 2 – 18　LED 发光器件的配光设计

要在封装的过程中对 LED 芯片进行合理的光学设计，从而使光线更加高效地输出，这就是 LED 的一次光学设计，体现在光源的封装工艺上。但是，不同的照明环境有着不同的照明要求，而且仅仅对 LED 进行一次光学设计并不能完全满足实际的照明需求，所以就要对 LED 照明器件进行二次光学设计，就是把 LED 器件发出的光线集中到期望的照明区域内，从而让整个 LED 照明系统能够满足设计的需要，形成一个更加完善的照明器具，满足各种实际的照明需求。户外照明系统的光学设计一般属于二次光学设计的范畴。

1. LED 二次光学设计的配光方式

在 LED 二次光学设计中，比较广泛采用的是反射、折射和反射折射混合三种设计方式，实现对 LED 器件发出光线的有效控制，并且能够高效地投射到目标面上，通过合理的设计使照射到目标上的光线实现应用需要的各项照明指标。

（1）反射式光学设计。

反射式二次光学系统指利用反射器将 LED 各方向的出射光投射至目标平面，并实现重新分配和控制光源光通量，使所有出射光线高效地照射到目标面上并显著提高器件发光效率，它利用的是几何光学的反射定律。

反射器所涉及的设计参数一般包括：材料的反射系数、外形尺寸、曲面轮廓。对于要求发光效率高、方向性好的灯具可采用镜面反射材料；对于光线要求柔和的灯具可采用扩散反射材料；对于眩光控制要求高的灯具可采用较大的截光角；对于光输出分布比较规则的灯具可选择合适的特种几何曲面，如抛物面，椭球面；对于光输出分布方向不均匀的灯具（如汽车前灯）就要采用复杂的曲面，甚至是自由曲面。

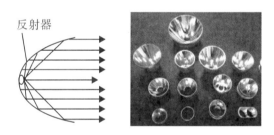

图 2 - 19　反光杯控光示意图及 LED 各类反光杯产品

（2）折射式光学设计。

折射式光学设计主要是基于几何光学的折射原理，通过某种透光元件来改变初始出射光线的传播方向和光束角度，从而改变目标平面上接收到的照明面积和照度，最终获得合理的照明分布，常用的灯具元件有折射透镜及棱镜两类。

透镜的控光原理是使光源发出的光线能够进行会聚或者发散，所以说，当 LED 光源经过透镜后将会形成一种均匀柔和、不易引起视觉疲劳且无眩光的泛光照明效果。但是，透镜对光线的损耗较大，且在比较大角度的光线下会得不到控制而发生漏光现象，浪费了资源，使得灯具总体发光效率低下。从均匀性方面考虑，透镜的配光效果会优于反光杯。

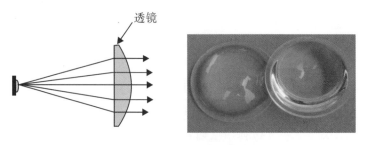

图 2－20　LED 各类透镜产品

（3）折射反射混合式二次光学设计。

反射折射相混合是在制作 LED 路灯灯具时最常采用的一种二次配光方式。该混合系统由准直系统和复眼系统组成，其中反射器和中央准直透镜组成准直系统，将 LED 发出的光线分别通过镜面反射和折射的方式调制为平行于器件主光轴的光束。最后输出到复眼透镜，以控制出射光束的发散角度。

现在的二次光学设计主要利用全反射原理的 TIR（Total Internal Reflection）透镜来设计照明系统，而市面上出售的透镜基本也是这类透镜。由于 LED 的出光范围大，而这类透镜同时利用折射和全反射原理，能够减少大角度光线的漏光现象，有效地收集 LED 大范围出射的光线，同时也能够控制光束的分布，从而没有眩光污染，并且光能利用率更高。TIR 透镜一般用于聚光，让光源发出的光在透镜侧面部分发生全反射，从而全部向顶部出射，配合顶部表面的特殊设计高效地在指定方向上聚集光线，甚至几乎垂直向上，可用于重点照明和小角度应用场合。

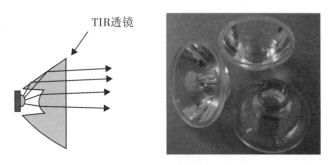

图 2－21　TIR 透镜及相关产品

2. LED 路灯的二次光学设计

LED 的二次光学设计决定了 LED 路灯的配光及光输出效率，是评判 LED 路灯整灯质量最重要的标准之一。LED 的二次光学技术，不同于其他的学科，是一门涵盖非成像光学和三维曲面建模的交叉学科，二次光学的设计可以有效解决 LED 路灯的出光效率、均匀性、配光角度、眩光和安全性等问题，提供符合于国家标准所要求的配光，真正实现环保和绿色的照明。道路照明系统不同于一般的照明灯具，其被照明的场地是一个矩形区域，即要求实现一种蝙蝠翼形状的配光曲线。根据国家公路照明标准，主干道的平均照度是 15lx，均匀性为 30%；次干道的平均照度是 8lx，均匀性为 30%，其中均匀性为照射路面的最低照度/平均照度。

目前 LED 路灯所运用的 LED 大致为单颗集成式和单颗阵列式两种，单颗集成式 LED 模组有 30W、50W、100W，甚至有 200W。现在厂家用的透镜基本都是采用玻璃制作的，但玻璃加工难度大，批量制造一致性差，机床、模具和工人操作都会对加工精度产生影响。另外，也不适宜用 PMMA 塑料制造，因为集成 LED 模组所用的透镜体形大，为了能够达到配光的效果，内部结构之间的厚度会相差很悬殊，注塑成形后也会因收缩率不同而产生变形，因此难以达到准确配光。

市场上现有的大部分高功率白光 LED 的光度分布是朗伯分布，光斑是圆形的，峰值光强一半位置处的光束角的全宽度约为 120°。LED 路灯如果没有经过二次光学的配光设计，那么照在马路上的光斑会是一个"圆饼"，如图 2 – 22（a）所示，大约一半的光斑会散落到马路之外而浪费掉，并且光斑的中心会比较亮，到周围会逐渐变暗。这种灯装在马路上之后，路灯之间会形成很明显的明暗相间的光斑分布，对司机造成视觉疲劳，易引发事故。国家城市道路照明设计标准要求 LED 路灯的光斑如图 2 – 22（b）所示，光斑为长方形，正好可以覆盖马路，并且有很好的均匀性。另外 LED 路灯有较好的显色指数（CRI），根据需要可以调节不同的色温使其可以满足白天、晚上、晴天和雨天等不同的环境。

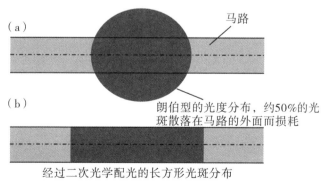

图 2 – 22　（a）没有经过二次光学设计的 LED 路灯光斑

（b）经过二次光学设计的 LED 路灯光斑

（二）照明系统散热设计

1. 结温对 LED 光电性能的影响

结温对 LED 的光电性能有着很重要的影响，主要表现在以下几个方面。

（1）LED 结温在高于正常能承受的温度 125℃时，将产生不可恢复的永久性的衰变。

通常有三种原因会造成高温下 LED 输出性能的永久性衰变：①由于各外延层之间存在晶格失配，形成错位结构缺陷。在较高温度下，这些缺陷会快速增殖、繁衍，直至侵入发光区，形成大量的非辐射复合中心，严重降低器件的注入效率与发光效率。②在高温条件下，材料内的微缺陷以及来自界面与电极的快速扩散杂质也会引入发光区，形成大量的深能级杂质，加速 LED 器件性能的衰变。③在高温下，由于 LED 封装用的环氧胶的变性、发黄，使出光效率下降。通常，LED 用的封装环氧胶有一个重要特性，即当环氧胶温度超过一个特定温度 T_g 时（其值通常为 125℃），封装环氧胶的特性将从一种钢性的类玻璃状态转变成一种柔软的类橡胶状态。当器件在此温度附近或高于此温度时，将发生明显的膨胀或收缩，致使芯片电极与引线受到额外的应力而发生过度疲劳乃至脱落损坏，造成 LED 永久性损坏。

（2）当结温上升时，LED 的发光波长变长，颜色发生红移。

LED 的发光波长一般可分成峰值波长与主波长两类，前者表示光强最大的波长，而主波长可由 X、Y 色度坐标决定，反映了人眼可感知的颜色。对于一个 LED 器件，发光区材料的禁带宽度值决定了器件发光的波长或颜色。当温度升高时，材料的禁带宽度将减小，导致器件发光波长变长，颜色发生红移。通常可将波长随结温的变化表示如下：

$$\lambda(T_2) = \lambda(T_1) + \Delta TK \ （nm/℃）\qquad （式 2-1）$$

其中，$\lambda(T_2)$：结温 T_2 时的波长；$\lambda(T_1)$：结温 T_1 时的波长。

（3）当 LED 结温上升时，LED 正向电压值 V_t 下降。

LED 在电流为常量时，随着 pn 结温上升，V_t 线性下降。但在高温情况下，由于结区的缺陷和杂质的大量增殖与集聚，将造成额外复合电流的增加，而使正向电压下降，甚至出现恶性循环。

要保证 LED 的光效，必须使 pn 的结温处在一定的范围之内。研究表明，LED 的光输出随 LED 结温的升高线性下降，如图 2-23 所示。同时结温严重影响 LED 的光源寿命，实验参数如图 2 – 24 所示。因此设法将芯片的温度维持在允许的范围内，是 LED 应用首先要解决的关键性技术问题，而如何提高散热能力更是大功率 LED 实现产业化亟待解决的关键技术难题。

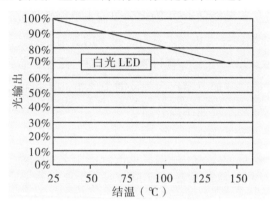

图 2 – 23　光通量与结温的关系

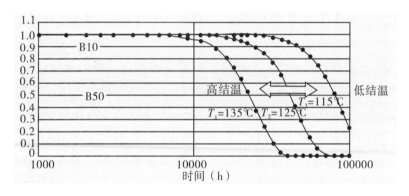

图 2 – 24　使用寿命与结温的关系

2. 产生结温的原因

（1）电极结构不良。

元件不良的电极结构、视窗层衬底、结区材料以及导电银胶等均存在一定的电阻值，这些电阻相互叠加，构成 LED 元件的串联电阻。通电时将产生焦耳热，引起芯片温度或结温的升高。

（2）pn 结温存在缺陷。

LED 工作时除 P 区向 N 区注入电荷（空穴）外，N 区也会向 P 区注入电荷（电子）。一般情况下，后一类的电荷注入不会产生光电效应，而是以发热的形式消耗掉了。即使是那部分有用的注入电荷，也会有一部分与结区的杂质或缺陷相结合，最终变成热。

（3）出光效率限制。

实践证明，出光效率的限制是导致 LED 结温升高的主要原因。目前，先进的材料与元件制造工艺已能使 LED 绝大多数输入电能转换成光辐射能，然而由于 LED 芯片材料与周围介质相比，具有大得多的折射系数，致使芯片内部产生的极大部分光子（>90%）无法顺利地溢出介面，而是在芯片与介质界面产生全反射，返回芯片内部并通过多次内部反射最终被芯片材料或衬底吸收，并以晶格振动的形式变成热，促使结温升高。

（4）LED 的散热能力限制。

LED 元件的热散能力是决定结温高低的又一个关键因素。由于环氧胶是低热导材料，因此 pn 结温处产生的热量很难通过透明的环氧胶向上散发到环境中去，大部分热量通过衬底银浆、管壳、环氧黏结层、PCB 与热沉向下发散。

3. 散热器的设计要点

散热器是 LED 灯具非常关键的一个部件，它的形状、体积、散热表面都要设计得当。若散热器太小，灯具的工作温度太高，就会影响发光效率和寿命；散热器太大，则消耗材料多，会增加产品成本和重量，使产品的竞争力下降，设计合适的散热器至关重要。散热器的设计有以下几个部分：

（1）明确 LED 灯具需要散热的功率及一些散热器设计用的参数：金属的比热，金属的导热系数，芯片热阻、散热器热阻、周围环境空气热阻等。

（2）确定 LED 灯具许可的最高工作温度（环境温度加灯具许可温升）与采用散热的方式。从造价上比较：自然对流散热造价最低，强风冷却中等，热管散热造价较高，喷气制冷造价最高。

（3）计算散热器的体积、散热面积，并确定散热器的形状。

（4）将散热器与 LED 光源组合成完整灯具，并通电工作 8h 以上，在室温 39℃~40℃的环境下检查灯具的温度，看是否满足散热要求，以检验计算是否正确，如不满足使用条件，则要重新计算和调整参数。

（5）散热器与灯罩的密封要做到防水、防尘，灯罩与散热器之间要垫抗老化的橡皮垫或硅橡胶垫，用不锈钢螺栓紧固，做到密封防水、防尘。

4. LED 灯具散热方式及材料

外壳和散热器设计为一体，用来解决 LED 的发热问题，这种方式较好，一般选用铝或铝合金，铜材或铜合金，以及导热良好的其他合金。散热有空气对流散热、强风冷却散热和热管散热，（喷气制冷散热也是类似热管散热的一种，但结构更复杂一些）。选择什么样的散热方式，对灯具的成本有直接影响，应综合考虑，与设计产品配套选出最佳方案。

表 2 – 1　常见的 LED 散热方式及优缺点对比

散热方式	缺点	优点	说明
金属散热片	成本高，体积大	机械强度好，容易加工成各种形状	作为外壳的一部分来增加散热面积，以达到散热目的
导热塑料	导热能力较差	方便大批量生产	在塑料外壳注塑时填充导热材料，增加（增强、提高）塑料外壳导热、散热能力
表面辐射散热层	散热效果改善不够显著	工艺简单、成本低	灯壳表面涂抹辐射散热漆，可以将热量用辐射的方式带离灯壳表面
风扇	噪声大、寿命低于 LED 寿命、不适合用于户外、不耐高温	造价低，散热效果好	在灯的内部用长寿高效的风扇主动散热
热管	对于紧凑型一体化的 LED 灯不适用	散热效率高，适用于造价较高，散热量大的应用场合	利用热管技术将热量由 LED 芯片导到外壳散热片
液体	对整灯装配的密封水平要求较高	散热效果好，成本低，适合于各种功率的 LED 散热	利用液体的对流、传导两种热交换机制，将 LED 的热量通过比热较高的液体传到外壳

灯罩的设计选材也是至关重要的，目前使用的有透明有机玻璃、PC 材料等，传统的灯罩是透明玻璃制品，究竟选什么样材料的灯罩跟设计的产品档次定位有关。一般来说，室外灯具的灯罩最好是传统的玻璃制品，它是制造长寿命高档灯具的最佳选择。采用透明塑料、有机玻璃等材料做的灯罩，做室内灯具的灯罩较好，用于室外则寿命有限，因为室外阳光、紫外线、沙尘、化学气体、昼夜温差变化等因素会使灯罩老化寿命减短。另外，这些材料脏污后不易清洁干净，会使灯罩透明度降低影响光线输出。

四、我国大功率 LED 户外照明的发展趋势

（一）LED 户外照明产品将多样化发展

LED 户外照明的广泛应用将随时间的推移形成多样化发展，产品会越来越丰富，应用范围将进一步扩大。如日本对老年人等弱势群体很重视，研发了 LED 盗犯制灯、LED 线性壁灯、LED 环境灯等各种安全指示灯和夜行照明灯。

LED 户外照明并非只应用于景观照明、路灯、隧道等，未来还可在建筑外部、户外停车场、加油站、步行街、休闲广场等地方安装不同的 LED 灯，根据不同要求，LED 灯具的设计结构、安全性、色彩性等结合实际生活，在自主创新的意识下，将会开发出多种 LED 户外照明的创意产品。综观社会发展，人们未来的生活中将会出现多彩多姿的 LED 户外照明灯。

目前，我国国产的 LED 外延材料、芯片以中低档为主，80% 以上的功率型 LED 芯片、器件靠进口。如果我国能突破 LED 的专利与技术等因素，将对我国 LED 照明产业进军国外市场起着重要作用，当然也会带来巨大利润。

（二）上、中、下游 LED 产业链将紧密结合，相辅相成

LED 户外照明灯主要由晶片与环氧树脂两部分组成。LED 产业链分为上、中、下游，LED 产业上游是芯片供应商、发光材料供应商，中游是封装企业，下游则是 LED 应用企业。高工 LED 研究中心 CEO 张小飞认为上游芯片技术的成熟，将为中国企业进入 LED 下游应用产业创造条件，很多企业纷纷转场 LED，都想分得一杯羹。但基于各种原因，中国很多企业处于中、下游产业端。中、下游产业利润是最薄的，据了解，上游约有 70% 的利润，中、下游才分别占有 10% 和 20%。窦林平认为 LED 产业中、下游缺乏上游核心技术，而上游产品技术难度又很高，具有三高（高难度、高投入、高风险）的特点，这对未来企业的投资具有严峻的挑战性。如果中国 LED 企业想要获得更好发展，必须努力往 LED 产业上游努力，上游发展好了，中、下游企业也会随之成长，关键在于技术的提高。这一产业链的相辅相成，让 LED 的发展成为关键。随着技术的成熟，市场的规范化，LED 户外照明产业链将紧密结合，发展得更好。

（三）LED 户外照明取代节能灯

虽然 LED 还存在技术等问题，但在未来的发展中，LED 户外照明灯作为绿

色光源，取代普通节能灯成为必然趋势。

1. 环保意识增强，节能的 LED 户外照明产品受到欢迎

LED 具有无频闪、无紫外线辐射、无电磁波辐射、较低热辐射等特性，并应用光扩散技术消除眩光，是真正的健康光源，LED 作为新一代环保光源，作为新行业，被看好是无可非议的。LED 除了具有长寿命、节能、安全、绿色环保等优势，还会在短期内缩减生产成本，在不远的将来必然会取代其他节能光源，如高压钠灯等。据了解，我国户外照明中的建筑景观 LED 照明市场年规模达 200 亿元，路灯市场每年有 400 亿 ~ 500 亿元的市场需求。

2. 技术逐年进步

专家预测，未来 5 年内 LED 照明灯将随技术提高（价格降低）普及家用领域，这也说明了 LED 户外照明灯也会随技术的逐年进步而得到全面应用，取代节能灯。

3. 政府政策实行使用 LED 产品补贴政策

我国各地政府支持、鼓励使用 LED 产品，并实行补贴政策。如扬州、江门、芜湖等地如购买 LED 外延片等设备，政府都给予补贴资金 800 万元/台，而广东、四川、重庆等地也给予相关单位使用 LED 的资金补贴，这对我国 LED 产业的发展具有促进作用。

随着中国经济的发展，人们的环保意识逐年增强，无紫外线和红外线辐射、热量低的绿色照明光源 LED 将更获青睐。专家预测 LED 在未来 10 年内，会是整个照明行业的主角光源，它凭借节能、可靠、长寿命、光色多样、简便、低污染、轻巧等优点，稳居户外照明首位。中国人口众多，城镇化发展快，道路建设也相当快，对 LED 路灯以及 LED 景观照明灯等户外照明有很大需求，中国 LED 专利技术少等因素严重束缚着中国 LED 户外照明灯的发展。在竞争激烈的 LED 照明市场需求中，只有掌握 LED 专利与技术，才能更好地保证产品的质量与性能，让 LED 照明产品在真正的应用中起到保证作用。相信随着时间的推移，绿色能源 LED 将领跑照明产业，也将会在环保节能的共识下，给人们带来全新的体验，为人类开创另外一个"明亮"的未来。

第三章 室内照明

一、LED 室内照明

（一）传统室内照明与 LED 室内照明

目前，居家和办公室中绝大部分使用直管型荧光灯和紧凑型荧光灯进行室内照明，有的场所则使用金卤灯进行商业照明。荧光灯是利用低压汞蒸气放电产生的紫外线激发涂在灯管内壁的荧光粉而发光的电光源。目前，常用荧光灯的光效可达 85lm/W，最高可达 104lm/W，显色指数是 60 以上，可实现全色温发光，寿命为 6000 小时左右。由于荧光灯的价格便宜，因此被广泛使用。金卤灯使用交流电源工作，它是利用汞和稀有金属的卤化物混合蒸气中产生电弧放电发光的放电灯，金卤灯是在高压汞灯的基础上添加各种金属卤化物制成的第三代光源。该灯具有发光效率高、显色性能好、寿命长等特点，是一种接近日光色的节能新光源，广泛应用于体育场馆、展览中心、大型商场、工业厂房等场所的室内照明。

LED 被称为第四代照明光源或绿色光源，具有节能、环保、寿命长、体积小等特点，可以广泛应用于各种指示、显示、装饰、背光源、普通照明和城市夜景等领域。世界上一些经济发达国家围绕 LED 的研制展开了激烈的技术竞赛。美国从 2000 年起投资 5 亿美元实施"国家半导体照明计划"，欧盟也在 2000 年 7 月宣布启动类似的"彩虹计划"。我国科技部在"863"计划的支持下，2003 年 6 月份首次提出"发展半导体照明计划"。多年来，LED 照明以其节能、环保的优势，已受到国家和各级政府的重视，各地纷纷出台相关政策和举措加快 LED 灯具的发展，大众消费者也对这种环保、新型的照明产品渴求已久。但是，由于投入在技术和推广上的成本居高不下，使得令万千消费者翘首以待的 LED 照明产品一直可望而不可即。但随着国内部分厂家技术的提高和生产成本的降低，LED 照明叫好而不叫座的局面即将改变。物美价廉的 LED 照明产品，将给中国照明行业带来革命性的冲击，为广大消费者带来光明的福音。

LED 应用于室内照明具有几个传统荧光灯无法比拟的优点。LED 为直流驱动，超低功耗（单芯片 0.03 ~ 0.06W），同时，电光功率转换接近 100%，相同照明效果比传统光源节能 80% 以上。LED 是固体冷光源，使用环氧树脂封装，灯体内也没有松动的部分，不存在灯丝发光易烧、热沉积等情况，使用寿命可达 6 万到 10 万小时，比传统光源寿命长 10 倍以上。LED 的环保效益更佳，其光谱中没有紫外线和红外线，且不含汞元素，废弃物可回收，不会造成环境的污染。在应用方面，将不同功率的 LED 进行组合，可实现不同亮度、不同色彩、不同色温、不同模式的调光，使人们的生活有了进一步的广阔光空间，不同的光加在不同空间的载体上，使人们的生活更加丰富多彩。同时 LED 灯具体积小、安装方便、有更好的隐蔽性，这样 LED 灯具更能体现在建筑和环境本身，使光、环境、灯具更和谐。

（二）室内照明的方式

室内照明是室内环境设计的重要组成部分，室内照明光环境体现了人的活动安全和生活的舒适。在人们的生活中，光不仅仅是室内照明的条件，而且是表达空间形态、营造环境气氛的基本元素。冈那·伯凯利兹说："没有光就不存在空间。"光照的作用，对人的视觉功能极为重要。室内自然光或灯光照明设计在功能上要满足人们多种活动的需要，而且还要重视空间的照明效果，室内照明灯具是实现光环境的重要条件。室内照明主要有以下几种照明的方式。

直接照明方式：光线通过灯具射出，其中 90% ~100% 的光通量到达假定的工作面上，这种照明方式为直接照明。这种照明方式具有强烈的明暗对比，并能造成有趣生动的光影效果，可突出工作面在整个环境中的主导地位，但是由于亮度较高，应防止眩光的产生。直接照明常用于工厂、普通办公室等场所。

半直接照明方式：半透明材料制成的灯罩罩住光源上部，使 60% ~90% 以上的光线集中射向工作面，10% ~40% 的被罩光线又经半透明灯罩扩散而向上漫射，其光线比较柔和。这种灯具常用于较低的房间的一般照明。由于漫射光线能照亮平顶，使房间顶部高度增加，因而能产生较高的空间感。

间接照明方式：是将光源遮蔽而产生间接光的照明方式，其中90% ～100%的光通量通过天棚或墙面反射作用于工作面，10%以下的光线则直接照射工作面。通常有两种处理方法：一种是将不透明的灯罩装在灯泡的下部，使光线射向平顶或其他物体上反射成为间接光线；另一种是把灯泡设在灯槽内，使光线从平顶反射到室内成间接光线。这种照明方式单独使用时，需注意不透明灯罩下部的浓重阴影。通常和其他照明方式配合使用，才能取得特殊的艺术效果。在商场、服饰店、会议室等场所，一般作为环境照明使用或用来提高亮度。

半间接照明方式：恰恰和半直接照明相反，把半透明的灯罩装在光源下部，使60%以上的光线射向平顶，形成间接光源，10% ～40%的光线经灯罩向下扩散。这种方式能产生比较特殊的照明效果，使较低矮的房间有增高的感觉。也适用于住宅中的小空间部分，如门厅、过道等，通常在学习的环境中采用这种照明方式，最为合适。

漫射照明方式：是指利用灯具的折射功能来控制眩光，使光线向四周扩散漫射。这种照明大体上有两种形式：一种是光线从灯罩上口射出经平顶反射，两侧从半透明灯罩扩散，下部从格栅扩散。另一种是用半透明灯罩把光线全部封闭而产生漫射。这类照明光线性能柔和，视觉舒适，适用于卧室。

照明布局如果按照明对象和功能来分的话，可分为四种，即基础照明、重点照明、装饰照明和混合照明。

基础照明：基础照明是指大空间内全面的、基本的照明，重点在于照明的亮度有适当的比例，给室内形成一种格调，基础照明是最基本的照明方式。除水平面的照度外，更多应用的是垂直面的亮度。

重点照明：是指对主要场所和对象进行重点投光。如商店商品陈列柜或橱窗的照明，目的在于增强顾客对目击对象（商品、模特儿穿着的样品等）的兴趣程度和注意力。基准亮度是根据商品种类、形状、大小以及展览方式等来确定的。而且要注意其亮度要与周围店堂空间的基本照明相配合。一般使用强光来加强商品表面的光泽，强调商品形象。其亮度是基础照明的3～5倍。

装饰照明：为了对室内进行装饰，增加空间层次，制造环境气氛，常用装饰照明。为使光线更加悦目，常使用装饰吊灯、壁灯、挂灯等图案形式统一的系列灯具，这样可使室内繁华而不杂乱，并渲染了室内环境气氛，更好地表现具有强烈个性的空间艺术。值得注意的是装饰照明始终只能是以装饰为目的的独立照明，不兼作基本照明或重点照明，否则就会减弱精心制作的商品形象。

混合照明：由基础照明、重点照明和装饰照明混合而成的照明称为混合照明。混合照明是在基础照明的基础上，在需要提供特殊照明的局部采用局部照明。其优点是利用重点照明增加工作区的照度，可以有效地减少工作面的阴影和光斑，减少照明设施的总功率。

（三）常见 LED 灯具的介绍

随着新技术、新材料的发展，LED 灯具花色品种繁多，造型丰富，光、色、形、质可谓变化无穷，灯具不仅为人们的生活提供照明的条件，而且是室内环境设计中重要的画龙点睛之笔。LED 灯具一般可分为下列类型：

（1）LED 灯泡：由于白炽灯及电子节能灯在人们的日常使用中仍占据着非常高的比例，为了减少浪费，LED 照明制造厂商必须开发符合现有接口和人们使用习惯的 LED 照明产品，使得人们在不需要更换原传统灯具基座和线路的情况下就可使用新一代的 LED 照明产品。LED 球泡灯采用了现有的接口方式，即螺口、插口方式（E26 \ E27 \ E14 \ B22 等），甚至为了符合人们的使用习惯还模仿了白炽灯泡的外形。LED 灯泡主要应用于展厅、博物馆、艺术馆及办公室的局部照明，还适用于商场、酒吧橱柜的展品打光。

图 3 - 1　市面上常见的 LED 灯泡

（2）LED 筒灯：一般是嵌入式灯具，将灯具嵌入在吊顶内，这种安装不会打破吊顶的装饰效果，而且它有较好的下射配光，并且有很好的防眩光效果，能创造宁静幽雅的环境气氛，一般用在酒楼、宾馆、会议室等地方。

图 3 - 2　市面上常见的筒灯

（3）LED 天花灯：LED 天花灯与 LED 筒灯在外形上有很大的相似性。

LED 天花灯是一种更具有聚光性的灯具，它的光线照射是具有特定目标的。主要是用于特殊的照明，比如强调某个很有味道或者是很有新意的地方。LED 天花灯适用于家居照明、汽车展示、珠宝首饰、高档服装、柜台等重点照明场所，是代替传统卤钨灯和金卤灯的理想光源。

图 3 – 3 　市面上常见的 LED 天花灯

LED 筒灯与天花灯的区别：①LED 筒灯需要电源，而 LED 天花灯不需要配电源，使用更方便，而且 LED 天花灯的价格更低一些。②LED 筒灯光源效果以散光居多，亮度可以铺设开来，发光角度一般在120°；LED 天花灯光源一般为聚光效果，聚光效果发光角度为30°～60°，嵌入式 LED 天花灯一般光源角度可以调节为 30°，筒灯光源角度不可调节。③LED·筒灯光亮度更好，可直接作为普通照明的替代品，走廊过道多有安装；而 LED 天花灯作为装饰或者点缀的效果可能更好，它的色彩更为丰富而且聚光性更强，对物体有强调和突出的作用，多用于吊顶四周，或者作背景墙、店铺重点照明用。④LED 筒灯一般都被安装在天花板内，一般吊顶需要在 150mm 以上才可以装。LED 天花灯可以分为轨道式、点挂式和内嵌式等多种。内嵌式的 LED 天花灯可以装在天花板内。LED 天花灯主要用于强调或表现目的，如电视墙，挂画，饰品等，可以打出光晕以增强效果。

内嵌式 LED 筒灯与天花灯的安装步骤，如图 3 – 4 所示：①用工具将天花板按相应的灯的开孔尺寸开孔；②正确按照使用说明书连接导线与灯具接线端子；③将灯具两侧的弹簧扣垂直，装入开孔后的天花板中；④确认开孔尺寸以及正确连线后，放下灯具两侧的弹簧，放下后确定是否安装稳定。

①天花板开孔　　②连接导线　　③放入天花板　　④放下弹簧扣

图 3 – 4 　内嵌式 LED 筒灯与天花灯的安装步骤

（4）LED 射灯，主要有轨道射灯和格栅射灯两种类型。轨道射灯是一种轻型的投光灯灯具，主要用于重点照明，因此多数是窄光束配光，并且能自由转动，随意选择方向，射灯装在内设电源线的导轨上，灯具可以沿轨道滑动，所以灵活性更大，非常适合商店、展览馆的陈列照明。由此我们可以很容易地知道格栅射灯的造型就如格栅灯一样，只是里面不是荧光支架灯而是射灯，可以看成是射灯的集成。格栅射灯一般应用在大型会议室、办公室、专卖场等用电时间较长的场合，主要用来照明。

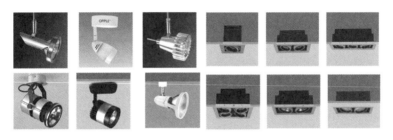

图 3-5　市面上常见的 LED 轨道射灯（左）和格栅射灯（右）

（5）LED 日光灯是国家绿色节能 LED 照明市场工程重点开发的产品之一，是取代传统的日光灯的第四代产品。它是一种均匀配光型直接照明灯具，能产生均匀照明的效果，不容易产生阴影，敞开式日光灯光效更高。LED 日光灯安装简单，它分电源内置和外置两种，电源内置的 LED 日光灯安装时，将原有的日光灯取下换上 LED 日光灯，并将镇流器和起辉器去掉，让 220V 交流电直接加到 LED 日光灯两端即可。电源外置的 LED 日光灯一般配有专用灯架，更换原来的就可以使用了。LED 日光灯作为一般照明广泛地用于超市、图书馆、学校、办公楼等。

图 3-6　市面上常见的 LED 日光灯

（6）LED 格栅灯盘也是一种日光灯灯具，与日光灯不同的是它采用了高效的反光罩，把光线控制在一定的范围内，提高了光的利用率，同时设遮光格栅来遮蔽光源，减少灯具的直接眩光。格栅灯具有嵌入式和吸顶式两种安装方式，它作为一般照明主要用在会议室、办公室、图书馆、商店等。

图 3 - 7　市面上常见的 LED 格栅灯盘

（7）LED 吸顶灯是选择 LED 为光源的一种吸顶灯，它安装在房间内部，由于灯具上部较平，紧靠屋顶安装后，像是吸附在屋顶上，所以称为 LED 吸顶灯。随着家庭装修热的不断升温，吸顶灯的变化也日新月异，不再局限于从前的单灯，而向多样化发展，既吸取了吊灯的豪华与气派，又采用了吸顶式的安装方式，避免了较矮的房间不能装大型豪华灯饰的缺陷。LED 吸顶灯的灯体直接安装在房顶上，适合作整体照明用，通常用于客厅和卧室。

图 3 - 8　市面上常见的 LED 吸顶灯

（8）LED 面板灯是一款高档典雅的室内照明灯具，其外边框由铝合金经阳极氧化而成，光源为 LED，整个灯具设计美观简洁、大气豪华，既有良好的照明效果，又能给人带来美的感受。LED 面板灯设计独特，光经过高透光率的导光板后形成一种均匀的平面发光效果，照度均匀性好，光线柔和、舒适而不失明亮，可有效缓解眼疲劳。LED 面板灯还能防辐射，不会刺激孕妇、老人、儿童的皮肤。该产品广泛用于酒店、会议室、工厂、办公室、商业洽谈场所、住宅、学校、医院、需要节能和高显色指数的高档场所。

图 3-9　市面上常见的 LED 面板灯

（9）LED 吊灯：以一条长长的纤细的金属线牵着一个简洁而富有新意的灯头，悬挂于空中，十分突出了灯的主体创意，给人一种视觉冲击；灯头金属表面经过特殊的五金打砂、拉丝、扫纹或者高光处理，十分典雅美观。出光部分，独立透镜给人晶莹剔透的感觉；一体透镜则既有露水的清澈，又有磨砂的蒙眬，把蒙眬和清澈完美地结合为一体。用途：主要用于酒店、饭店、餐厅、麻将馆/室、商店突出照射产品等场合。

图 3-10　市面上常见的 LED 餐吊灯

（10）LED 台灯：LED 照明以其高节能、长寿命、利环保的特点成为大家广为关注的焦点。台灯是家家户户都在使用的普通灯具，这几年因为高亮度的 LED 光源的制造技术突飞猛进，而其生产成本又节节下降，让台灯得以使用 LED 光源作为高亮度、高效率而又省电、无碳排放的照明光源。如图 3-11（左）所示是一种简洁实用的 LED 台灯方案。AC220V 经由适配器在灯具外安全地降压变换，向 LED 台灯提供稳定的 12V 直流电源，在台灯底座壳内安置有恒流源电源板，将直流电压变换成稳定的直流恒流源，以满足 LED 光源发光的技术要求。

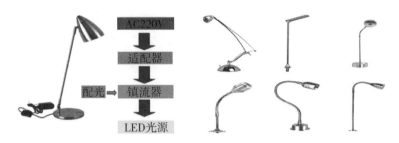

图 3-11　一种简约 LED 台灯的工作原理（左）及市面上常见的 LED 台灯（右）

（11）LED 壁灯：就是用发光二极管作为光源的灯具装在墙壁或者家具壁面成为 LED 壁灯。传统壁灯多采用卤素灯，发光效率较低、比较耗电、被照射环境温度会上升、使用寿命短。LED 在发光原理、节能、环保的层面上都远远优于传统照明产品。而且 LED 发光的单向性形成了对壁灯配光的完美支持。LED 壁灯适用于酒店、宾馆，超市、商场、品牌专卖店、会议室、休闲、娱乐场所、办公场所、展厅、饭店等多种场合。

图 3-12　市面上常见的 LED 壁灯

（12）LED 灯带主要有两种类型：柔性 LED 灯带和 LED 硬灯条。柔性 LED 灯带采用 FPC 做组装线路板，用贴片 LED 进行组装，使产品的厚度仅为一枚硬币的厚度，不占空间；普遍规格有 30cm 长 18 颗 LED、24 颗 LED 以及 50cm 长 15 颗 LED、24 颗 LED、30 颗 LED 等，并且可以随意剪断，也可以任意延长而发光不受影响。FPC 材质柔软，可以任意弯曲、折叠、卷绕，可在三维空间随意移动及伸缩而不会折断。适合于不规则的地方和空间狭小的地方使用，也因其可以任意地弯曲和卷绕，适合用在广告装饰中任意组合各种图案。LED 硬灯条用 PCB 硬板做组装线路板，有用贴片 LED 进行组装的，也有用直插 LED 进行组装的，视需要不同而采用不同的元件。硬灯条的优点是比较容易固定，加工和安装都比较方便；缺点是不能随意弯曲，不适合不规则的地方。

图 3－13　柔性 LED 灯带和 LED 硬灯条

（四）LED 室内照明灯具技术发展的关键

LED 在市场上占有一定的份额，但 LED 室内照明产品要想被广泛应用还需解决的关键问题主要有眩光问题、光色的品质、光衰与颜色漂移问题、散热问题。

1. 散热技术

灯具的寿命一直是大家所关注的主要问题之一。一个好的灯具散热系统光选择低热阻的 LED 器件是远远不够的，它必须有效降低 pn 结到环境的热阻，以此尽可能地降低 LED 的 pn 结结温来提高整个 LED 灯的寿命。与传统光源不同的是，PCB 板既是 LED 的供电载体，也是散热载体，所以 PCB 的散热设计（包括布线，焊盘大小等）也尤为重要。除此之外，散热材料的材质、厚度、面积大小以及散热界面的处理、焊接方式和焊接条件都是要考虑的因素。

2. 光学设计

LED 是一个点光源，又有方向性，如何利用好 LED 的这两个特性是灯具光学设计的关键。通过 LED 点阵的设计和二次光学的设计，LED 灯具可以达到比较理想的配光曲线。例如在整体照明中，若要求灯具的亮度高，可以使用线性 LED 灯条，外加透过率较高的灯罩以提高出光效率，另外也能用灯具加入导光板技术使 LED 点光源成为面光源，提高其均匀度而防止眩光的发生；一些辅助照明、层次照明需要一定的聚光效果，以突出被照物体，主要可以选配一些聚光透镜来达到光学要求。除以上因素外，色温、亮度和色彩的控制也是光学上需要考虑的。

3. 驱动设计

LED 是单极性器件，在实际使用中仅允许电流从固定一侧流入并从相应的另一侧流出，因此不能在 LED 器件两端直接施加交变电流或电压。同时，为了获得稳定的 LED 光通量 LED 器件的输入电压（顺向）或电流亦需稳定，所以必须选用 LED 电源驱动器。一般可将 LED 电源驱动解决方案划分为以下三大类：① DC/DC 应用：如手电筒、闪光灯、MR16、头灯、橱柜照明等；②AC/DC应用：（≤25W）如普通照明、汞灯替代照明等；③AC/DC 应用：（≥25W）如道路照明、隧道照明、铁路照明、洗墙照明等。另一方面，调光设计也是目前驱动的主流设计之一，这在一些情景照明中应用得比较多，根据不同环境调节出不同亮度，充分达到节能的效果。目前驱动器的主要设计方向主要围绕提高电源功率因子，降低本身功耗，提高控制精度，加快响应速度为主。除了驱动器的选择，PCB 板的布线，串并联方式也是设计时需要考虑的。

4. 系统设计

除了以上光电热因素的影响，LED 灯具的整体设计也是重要的一环。包括灯具的外形、选材和结构设计在目前的运行中都要满足和达到设计开发时所提出的各项应用技术要求。

二、LED 室内照明对人活动的影响

（一）LED 照明对人的心理影响

工作中的人们一天平均在室内光照下待 10h，生活中的光需要带给我们丰富的生活，给我们思考的空间，给我们和谐的生活，给我们安逸的享受和真实多彩的世界。LED 除了对人的生理产生影响外，室内生活环境还会对人的心理产生影响。不同位置和颜色的光照，对人的心理刺激作用是不同的，比如暖色调使人兴奋活跃，冷色调使人安静。由于人造光源和自然光有差异，所以长时间处于不和谐的人造光环境中，容易造成人的心理紊乱。人的生理节奏和自然光的变化是一致的，所以可以开发适合生理节奏的光源，通过调整色温来模拟自然界的光。

传统气体放电灯主要靠汞的光谱激发不同荧光粉产生不同波长的光；LED光源除了荧光粉的光谱外还可以用不同的半导体材料及不同掺杂比例的材料组成的不同带隙决定光谱的波长，产生的波长有更宽的可选范围。LED 光源对波

长和亮度的要求可以按需要的量精确设计，同时可以设计全波段的 LED 阵列，调整各色 LED 的发光强度，从而满足心理治疗的不同波长和强度的要求。

LED 光源的尺寸小，在光度、色度、光路设计上有很大的自由度，因此在居家照明装饰上可发挥特有的作用，使生活有多姿多彩的变化，并使生活中有更多的与光相关的产品。光给人以生活的享受不仅仅在于照明，光使丰富多彩的生活有了灵性。

（二）不同灯具材料引起的心理效应

LED 室内照明灯除了需要满足光色功能外，还需要具有美感，与纸质、布艺、玻璃、塑料、金属等材料有机结合，使人们产生不一样的美的享受。

纸质灯具在科技高度发达的今天，具有轻薄、半透光、材料普遍、价格低廉、制作工艺简单、色彩丰富和表面装饰快捷等优点。一直用于临时性，节日性的场合，非常适合表达强烈的感情，可以透露出浓浓的中国古代文化感。

布质灯具也很常见，同纸质灯具一样，布质材料应用在灯具中不能给人带来特别可信、高质量的感觉，但布鲜艳的色彩能给人带来温暖的视觉感受。很多家居中都使用布质灯具来进行装饰。

玻璃有良好的透明、绝缘等特性，在现在的灯具设计中几乎都要用到——作为灯泡或灯。

金属灯具在现代生活中非常常见。它常常表现出现代、理性、坚硬、冷漠、凉爽的感觉。由于金属通常不采用手工制作而是大工业生产，因此使用金属材料在很大程度上体现了功能主义、材料美学和技术美学。金属灯具在形态上常选用几何形的组合，在色彩上常使用金属的本色如灰色、黑色、银色、金色等，而金属的加工工艺也决定了它不能有太多炫耀的功能，因此有时候反而可以形成一种轻盈的态势。总之，金属灯具一般表达出精确、令人信任的感觉。

塑料灯具与金属灯具一般的灰黑或银白不同，塑料材料的灯具通常有更鲜艳、更自由的色彩，这也是为什么塑料材料总是引发温暖喜悦的情绪的原因。因为暖色和高明度的色彩具有凸出、激进的效果，而冷色和低明度的色彩的效果则相反；明亮色令人感到柔软、轻快，暗浊色令人感到坚硬、滞重。另外，塑料有更自由的形态，从触感上也更温暖，所以绝大多数的情况下，塑料灯具都会表达出亲切怡人的感觉。如何与这些材料结合是室内居家照明的另一个主要问题。

（三）LED 情景照明

情景照明是 2008 年由飞利浦提出的概念，是指以环境的需求来设计灯具。情景照明以场所为出发点，旨在营造一种漂亮、绚丽的光照环境，去烘托场景效果，使人感觉到有某种氛围。下面将分别从商场、家居、舞台等场所的照明设计例子来说明情景照明的价值。

1. 情景照明——商业空间

商场运用灯光塑造灵动且具有丰富情感的空间氛围，为你打开想象力的翅膀，开启由灯光造就的奇幻之旅。在商店内，灯光具有不同的场景色彩效果，如一些经典色系，还有动感色系的穿插变化等，随着季节和产品的改变，灯光还将随之调整。情景照明通过灯光颜色、明暗、角度的变化创造出变化的购物氛围，以它多变、动态的色彩打造

图 3 - 14   商场中的情景照明

出独特的商店照明环境，其节能环保的功能和高科技含量还能大大提升品牌价值，而且操作起来十分简便，只需通过触摸开关，就能瞬间为商店实现"变脸"。

2. 情景照明——家居空间

灯具时尚化，已经成为潮流家居不能抵挡的风尚。人们越来越重视灯光在家居装修中的作用，普遍认识到它是室内设计中最富感染力的部分，是家装灵魂所在。住宅对照明的要求正从单一的照明逐渐提升到呼应情绪、营造健康光环境的高度。巧妙搭配灯光，实现不同的情景组合，必然要求照明控制方式的革命。家是包容所有喜怒哀乐的

图 3 - 15   家居中的情景照明

地方，如何让身边的情景更切合使用者的心情，除了装修、改变摆设等方法之外，还有一个最简单、最直接也最有效的方法，那就是恰当选择情景照明。选择同样显色性而不同色温的光源，营造的光环境效果是不同的。光色给人们以不同的心理感受。低色温给人一种温馨、舒适的感觉，比较适合感性的情景，例如聊天等；中色温给人的是一种清爽、激情、时尚的感觉，适合阅读、用餐等；高色温给人的是一种纯洁、清新、明快、严肃的感觉，比较适合理性的情景，例如工作、操持家务等。为了迎合人们对照明的更多需求，情景照明从商业空间逐渐延伸到家居空间。

3. 情景照明——舞台照明

舞台照明，是众多舞台艺术形式的一种，它运用舞台灯光设备（如照明灯具、幻灯、控制系统等）和技术手段，随着剧情的发展，以光色及其变化显示环境，渲染气氛，突出中心人物，创造舞台空间感、时间感，塑造舞台演出的外部形象，并提供必要的灯光效果等。舞台布光是演出空间构成的重要组成部分，是根据情节的发展对人物以及所需的特定场景进行全方位的视觉环境

图 3 - 16　舞台中的情景照明

的灯光设计，并有目的地将设计意图以视觉形象的方式再现给观众的艺术创作。

三、办公室与居住室内的照明要求

（一）办公室照明

随着社会的发展，办公建筑对照明技术的要求越来越高，就办公建筑的工作内容来说，可分为一般办公室和特殊办公室（如制图、精密工作等办公室），办公照明设计要根据具体的工作要求来考虑。

办公室照明的设计应使工作人员有能有效地工作、提高工作效率的良好感觉，让他们的兴趣和热情都受环境的影响，使办公室能有一个和谐、有效的工

作环境。

1. 办公室照明的明亮环境

办公室照明的明亮环境主要包括：亮度变化、环境颜色和光源的颜色。亮度变化主要取决于单个灯具的光通量和灯具的数量及分布。环境颜色往往影响着工作人员的情绪，照明光源的显色性和色温直接影响着人们办公的效率。一般小办公室会让柜子采用和墙一样的颜色，给人办公室增大的感觉。对大办公室而言，在照明水平较低的情况下，应尽量减少颜色的种类。为了提高亮度和明快感，对办公室和家具推荐的反射比是顶棚0.8，隔断0.4~0.7，墙壁0.5~0.7，家具0.05~0.45，地板0.2~0.4。光源的颜色包括色温和显色指数两个含义，通常采用偏冷的光色（色温范围为4200~5300K），较接近早晨的照明，能使工作者保持冷静、清醒的头脑，光源的显色指数一般要求60以上，与此同时还要考虑初期投资、安装维修费用及节能因素。

2. 亮度比和视觉舒适对办公照明质量的影响

亮度比和视觉舒适也是影响办公照明质量的重要因素。不同墙面及物体的亮度比使我们能清晰地分辨物体，同时亮度比增强了人们在空间中的感受。办公室照明应注意平衡总体亮度与局部亮度的关系，以满足使用要求。办公室照明所推荐的亮度比见表3-1。

表3-1　办公室照明所推荐的亮度比

表面类型之间	亮度比
工作面与邻近物体之间	3:1
工作面与较远暗面之间	10:1
工作面与较远亮面之间	1:10

视觉舒适不仅可提高工作效率，还可提高工作持久时间。办公室工作人员的工作面往往在水平线以下或者与水平线重合，为此需要确定下列因素的相对效应。

（1）灯具的平均亮度。有视频显示终端的工作场所照明应限制灯具在人眼视平线以上不小于65°高度角的亮度。灯具在该角度内的平均亮度在屏幕较亮时应该低于1000cd/m²，在屏幕亮度较暗时应该低于200cd/m²。

（2）灯具的位置与视角夹角的大小。灯具所在的位置与视觉方向的夹角的大小直接影响着人们视觉的舒适程度和对照明系统的满意度。

在视野内有过高亮度或过大亮度比时，就会使人们感到刺眼的眩光。防止眩光的措施主要是限制光源亮度，合理布置光源。如使光源在视线45°范围以上，形成遮光角或用不透明材料遮挡光源。

3. 办公室照度的要求

照度应按照国家标准GB50034—2004《建筑照明设计标准》确定，国家标准GB50034-2004比原标准GBJ133-1990有所提高，但比发达国家的亮度要求低一点。另外我国地区经济差别较大，采用的照度应符合实际情况。在确定照度时不仅要考虑视力问题，年龄问题而且对心理方面的需求程度也必须考虑到，最重要的是要根据实际需要，依据工作的精细度和工作时间，工作性质进行照度选择。高档办公室选择500lx，一般的办公室选择300lx，营业厅300lx，设计室500lx，文件整理室300lx，资料、档案室200lx，有的精细工作设计室，如裁缝室需要达到750lx。

办公照明除了照明质量外还需要考虑节能效果和功率密度的值，即每平方米所用电量。我国高档办公室、设计室的现行功率密度要求小于$18W/m^2$，目标是小于$15W/m^2$；一般办公室、会议室的现行功率密度要求小于$11W/m^2$，目标是小于$9W/m^2$；营业厅、文件整理、复印、发行室的现行功率密度要求小于$11W/m^2$，目标是小于$9W/m^2$；档案室的现行功率密度要求小于$8W/m^2$，目标是小于$7W/m^2$。参见表3-2。

表3-2　办公建筑照明功率密度

房间或场所	新标准 GB50034-2004		
	照明功率密度		对应照度/lx
	现行值	目标值	
普通办公室	11	9	300
高档办公室	18	15	500
会议室	11	9	300
营业厅	11	9	300
文件整理、复印、发行室	11	9	300
档案室	8	7	200

（二）居住室内照明

居住建筑是人们重要的生活环境。居住建筑照明直接关系到人们的日常生活，它与人们的年龄、心理和要求有关。本节偏重于介绍标准住宅公寓和别墅的照明设计，可供普通住宅照明设计参考。

1. 明亮环境的设计

光线是居住建筑的一个重要因素，不仅要利用它来达到视觉上的舒适，而且还要从它所照亮的环境中获得情感上的刺激。高照度照明常常营造出令人兴奋的气氛，低照度照明则容易营造出松弛、亲切的气氛。

（1）居住建筑照明设计所要考虑的因素。

①居住者的年龄和人数；②视觉活动形式；③工作面的位置和尺寸；④应用的频率和周期；⑤空间和家具的形式；⑥空间的尺寸和范围；⑦结构限制；⑧建筑和电气规范的有关规定要求；⑨节能考虑。

（2）照明设计要求。

①照明质量要求，是指视觉舒适度的考虑、眩光的限制、光的颜色及其显色性的选择；②照度值的确定；③日光的利用率；④灯具的形式。

2. 照明标准

（1）照明质量。

亮度比对照明的影响：相对独立的视觉范围由三个区域组成，第一区是工作面，第二区是紧紧围绕着工作面的区域，第三区是总的环境。三个区的亮度比不合适，会使人心烦、疲劳，甚至有观看困难的感觉。学习、阅读、缝纫或其他需满足视觉要求（特别是持续时间较长）的视觉活动，其场所中的亮度比不应超过表3－3中规定的范围。

达到亮度比所要求的措施：①限制灯具的亮度；②白天的活动，应通过窗帘控制窗户的高亮度；③夜间可使用淡颜色的窗帘；④房间和家具表面采用反射比高的材料和油漆，利用房间的表面反射提高照明质量。

为此可使用表3－3所推荐的亮度比，并且可按表3－4所推荐的反射比进行房间装饰。

表 3 - 3　视觉亮度对比表

区域	亮度比	区域	亮度比
2 区理想比例	1 区工作面的 1/3～1	3 区理想比例	1 区工作面的 1/5～5 倍
2 区最小容许比例	1 区工作面的 1/5～1	3 区最小容许比例	1 区工作面的 1/10～10 倍

表 3 - 4　推荐的住宅反射比

表面	反射比	表面	反射比
顶棚	0.6～0.9	墙壁	0.35～0.6
大面积的窗帘	0.45～0.85	地面	0.15～0.35

（2）照度的确定。

照度标准可按 GB50034 - 2004《建筑照明设计标准》选择，表 3 - 5 为居住建筑照明标准值。

表 3 - 5　居住建筑照明标准值

房间或场所		参考平面及其高度	照度标准值/lx	Ra
起居室	一般活动	0.75m 水平面	100	80
	书写、阅读		300	
卧室	一般活动	0.75m 水平面	75	80
	床头、阅读		150	
餐厅		0.75m 餐桌面	150	80
厨房	一般活动	0.75m 水平面	100	80
	操作台	台面	150	
卫生间		0.75m 水平面	100	80

照度设计时应注意以下几点：

①应根据当地条件和供电情况综合考虑；②根据不同标准的住宅选择相应的照度；③多功能房间最好装设多种灯具，并采用多联开关或调光器以求得到不同的照度；④并不是照度越高越好，要注意节能。

（3）照明节能。

居住建筑的照明节能同样重要，按照 GB50034 - 2004《建筑照明设计标准》的要求，居住建筑每户照明功率密度值不宜大于表 3 - 6 的规定。当房间或场所的照度值高于或低于表 3 - 6 规定的对应值时，其照明功率密度值应按比例提高或折减。

表 3 - 6　居住建筑每户照明功率密度值

房间或场所	照明功率密度（W/m²）		对应照度值/lx
	现行值	目标值	
起居室			100
卧室			75
餐厅	7	6	150
厨房			100
卫生间			100

四、LED 室内照明的发展与未来

（一）LED 室内照明当前面临的问题

1. 目前 LED 室内照明产品价格相对偏高

目前 LED 产品价格相对于中国消费者而言仍然偏高，除了一些商场、超市等有能力替换外，普通老百姓很难承受。如果每的价格 1000lm 下降至 15～20 元，普通消费者才可以接受，而在最近 2 年内替代节能灯也非常困难。LED 室内照明市场方面，出口占有重要位置，约 80% 以上出口，内销的很少，国内 LED 室内照明市场基本处于一种"产业热市场冷"的状态。国内 LED 照明企业几千家，基本上都是户外照明和室内照明一起做，企业自己并没有明确的定位。目前 LED 室内照明产品价格高，但质量却良莠不齐，并没有真正进入千家万户，市场还很小，但竞争对手却多如牛毛。

2. LED 产品质量参差不齐

LED 室内照明产品的可靠性是影响 LED 质量的主要方面，其决定因素较多。以球泡灯为例，目前外延芯片方面，较为成熟，影响还不是很大，但封装部分的硅胶材料、荧光粉、散热等问题影响着产品的质量，散热问题至今都解决得不是很好。从技术角度来看，散热问题可以解决，但是会导致价格升高，既要成本低又要质量过关很难做到。另外，还有产品的器件、驱动电路、电源等也存在同样的问题。现在市场上一些产品为了降低价格，偷工减料，很难保证产品的质量，在价格合理的基础上做到可靠性较高。

LED 的灯具研发包括 LED 灯具光学、热学、电学等方面。一部分企业发挥自己的优势，研究开发了自己的产品，有些则借鉴或仿制，产品水平良莠不齐，各家产品规模各异，互换性差，维修困难。

3. 还未建立 LED 室内照明测量标准

我国 LED 室内照明测量标准制定过程中企业和科研人员参与程度较少。标准不能真正基于视觉方面的大量基础实验和理论，且未被普遍接受。

在灯具研究的色、光、视觉功效等方面，2011 年 7 月在南非举办的国际照明委员会会议中，LED 的有关显色性、眩光、光生物安全的测量和标准还在研究和讨论阶段，国际国内还没有基于人体视觉功效理论，能被全球人们普遍接受的理论。我们还需要对室内外光环境的颜色、色觉表观、眩光的评估和视觉舒适度进行研究，并需要创造性地开展室内空间的视觉舒适度和人眼视觉疲劳、近视眼发展等的相关研究。

飞利浦、松下、欧司朗等大型国际企业直接参与基础科研任务和国际标准的制定，我国企业还需大力发展自己的科研力量。在测量仪器方面，我国的浙大三色、杭州远方在 LED 测试方面分别取得了国际照明委员会关于光生物安全和光辐射源的空间光谱分布测量国际标准的议题。

可喜的是我国政府和各级领导比较重视 LED 照明产业的发展，在"十一五"期间，科技部在"863"计划中设立固态照明重大专项，支持外延、芯片、封装和照明、显示、非照明应用等方面的研究。"十二五"期间"863"计划继续支持固态照明重大专项，研究重点是硅基 LED 的材料、装备、芯片、器件、封装、模组、散热、驱动、系统集成和应用。国家的支持对 LED 照明产业和照明学科的发展起到了很大的推动作用。我国 LED 产业与国外 LED 产业的最大差距是核心专利缺乏和关键设备受制于人。由于研发力量分散、资金投入不足、研发人才短缺等因素，导致 LED 产业整体技术实力不强，在设备及生产工艺等方面与国外先进水平相比有较大差距，使我国 LED 产业在中高端产品竞争中处于劣势，大量 LED 出口企业受到国外专利壁垒的制约。

（二）LED 室内照明产品的发展方向

1. 智能化照明控制

随着计算机技术、通信技术、自动控制技术、信号检测技术、微电子技术等的迅速发展并相互渗透，照明进入了智能控制时代。LED 智能控制一方面可以提高照明系统的控制和管理水平，减少照明系统的维护成本；另一方面可以节约资源，减少照明系统的运营成本。在 LED 节能产品的基础上增加能源管理的功能。

利用智能化控制可以根据环境变化、客观要求、用户预定需求等条件自动采集照明系统中的各种信息，并对所采集的信息进行相应逻辑分析、推理、判断，并对分析结果按要求的形式存储、显示、传输，进行相应的工作状态的信息反馈、控制，以达到预期的效果。LED 的控制灵活、响应快、结构小巧等特点与智能化控制系统的有力结合体现出 LED 的特点。

2. 丰富多彩的功能性照明

人们对照明环境的要求和从事的活动密切相关，照明要满足人们不同视觉功能的需要。例如，在家居生活中，聚会时需要明亮的灯光；在欣赏古典音乐或轻音乐时，需要柔和的灯光。自然光在早晨、中午、傍晚的不同色温，对人们的生理、心理有很大的影响。

LED 可以制造出红橙黄绿蓝青紫等单色光，增加了许多不连续光谱的光源，与不同类型荧光粉的发射光谱相互组合，能实现丰富多彩的增强型组合光源与灯具。LED 的这些可控性、色温可调性可以营造不同的气氛，创造出"以人为本"的舒适、适宜的光环境。

3. 建筑一体化的照明方式

建筑一体化的照明方式是指照明产品与建筑材料融为一体，使得建筑物的一部分变为照明灯具的一部分。这种照明方式是在建筑物的里面采用埋入、嵌入等方式隐藏安装上光源或照明灯具，充分利用建筑物的表面反射或透射，展示建筑物的形态、颜色等。这种方式不但能隐藏各种照明管线或设备管道，而且可使建筑照明成为整个室内设计装修的有机组成部分，达到室内空间完整统一的效果。LED 单颗功率小、发光体积小，容易实现这种与建筑物融为一体的照明方式。

4. 突破技术瓶颈，推动低成本的集成技术创新发展

LED 上中下游产品的技术关联度较高，LED 应用产品又是一个复杂的工程技术系统，而且是为客户使用价值的价值链系统，因此要去研究不同光谱频率的组合色光与人的视觉认知和非视觉感知的适配性。核心技术包括导热散热技术、驱动电路与能源管理技术、光学设计技术、光谱组合与空间配送光技术，等等。

涉及的技术含量高、专业性强、学科领域多，一般企业难以投入足够的人力和财力去全面研发掌握，只能在低水平重复开发，做出质量差、档次低的产品，这些产品难以在市场上推广。

"十二五"时期是 LED 产品不断降价的关键期，企业规模小、数量多，单打独斗、埋头自己研发将会跟不上潮流。必须充分利用媒体、协会、学会、会议、广告等多方面信息，广泛寻找技术合作伙伴，让新技术为我所用。将不同企业的技术集成创新应用在新产品上，在技术可靠的前提下选择尽可能低的成本，这就需要企业有广泛收集信息、鉴别和筛选技术的能力，集成技术创新的能力和诚信合作的精神。

第四章　LED 背光源

一、LED 背光源基础知识

（一）什么是背光

背光的汉字解释是"光直接照射不到"或者"躲避光线的直接照射"。在电子工业中，背光是一种照明的形式，常被用于 LCD（Liquid Crystal Display）显示上。背光式和前光式的不同之处在于背光是从侧边或是背后照射，而前光顾名思义则从前方照射。它们被用来增加在低光源环境中的照明度和电脑显示器、液晶屏幕上的亮度，以与 CRT 显示类似的方式产生出光。其光源可能是白炽灯泡、电光面板（ELP）、发光二极管（LED）、冷阴极管（CCFL）等。电光面板提供整个表面均匀的光，而其他的背光模组则使用散光器从不均匀的光源中提供均匀的光线。背光可以是任何一种颜色，单色液晶通常有黄、绿、蓝等背光。而彩色显示则采用白光，因其涵盖最多色光。

1. 背光模组的结构

背光模组（Backlight Module）是 TFT-LCD（薄膜晶体管液晶显示器）面板中的重要元件。由于液晶本身不发光，背光模组的作用在于为 LCD 面板提供充足的亮度与分布均匀的光源，使其能正常显示图像。背光模组一般占 LCD 面板材料成本的 19% ~ 26%，根据 LCD 应用领域的不同而略有差异。背光模组由光源、灯罩、反射板、导光板（LGP）、扩散板、增亮膜（BEF）以及外框等组装而成（如图 4 - 1 所示）。背光光源发光，进入导光板，经过传播之后，由正面以一定角度射出，均匀分布于发光区域内，再经扩散板、增亮膜，使光线聚集在液晶显示器的视角范围内。

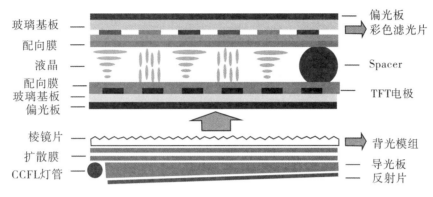

图 4 – 1 LCD 背光模组结构

2. 什么是 LED 背光, 它有哪些优缺点

LED 背光是指用 LED (发光二极管) 来作为液晶显示屏的背光源。LED 作为 LCD 的背光源, 与传统的 CCFL (冷阴极管) 背光源相比, 具有以下特点:

(1) LED 背光光源有更好的色域。色域一般大于 80%, RGB-LED 背光的色域可以达到 110%。这样可以弥补液晶显示技术中色彩数量的不足, 具有更好的色彩还原性。而传统 CCFL 背光技术, 通过技术优化, 其 NTSC 色域最高只能达到 90%。图 4 – 2 表示 LED 背光和 CCFL 背光色饱和度的比较。

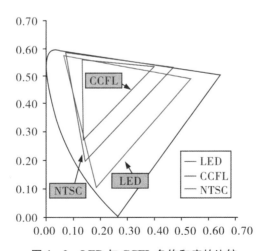

图 4 – 2 LED 与 CCFL 色饱和度的比较

(2) LED 背光使用寿命长。LED 器件的寿命一般在 50000h 以上, 可以延长液晶显示器使用寿命。

（3）亮度调整范围大。无论在明视觉还是暗视觉环境，用户都很容易将 LED 背光显示设备调到最佳显示状态。

（4）完美的运动图像显示，实时色彩管理，能够调整背光白平衡而同时保证整体对比度。LED 背光源相对传统 CCFL 荧光灯背光源能进一步改进了发光均匀度，其对比度提升到 100 万∶1 万。

（5）轻薄。LED 背光源是由众多平面状器件组成，这样可以实现光源的平面化。平面化光源具有优异的亮度均匀性，不需要复杂的光路设计，可以使 LCD 的厚度做得更加轻薄。而传统 CCFL 属于管状光源，需要将发出的光均匀分散到面板上的每一个区域，从而使导光组件复杂，厚度增加，随平面增大，设计和成本也急剧增加。例如，50in 以上的 LCD 产品，其直下式 CCFL 背光模组的成本比重占到面板成本的一半以上。

（6）安全。LED 使用的电压低，十分安全，供电模块设计简单。

（7）节能环保。LED 光源没有汞灯之类的有毒物质和任何射线产生，是一种绿色环保光源。据三星公司公布的数据，背光模组占总耗电的 95%，其他如电路、控制等部分只消耗 5%。LED 背光与传统 CCFL 背光相比，可以节能 40% 以上，所以 LED 背光替代 CCFL 节能的潜力巨大。

（8）抗震。LED 的平面结构具有稳固的内部结构，抗震性能很出色。

二、LED 背光源技术现状

（一）LED 背光源应用现状与发展趋势

作为新一代的光源，LED 在小尺寸 LCD（如手机、PDA、PMP、GPS 等 1.5～7in 大小的屏幕）的背光中已经得到成熟的应用，现正逐步走向更大尺寸 LCD 背光的应用，并逐步替代 CCFL。

传统背光源 CCFL 是圆柱形的，它所发出的光是无方向性的。当它放在 LCD 屏幕下方时，尽管采用半圆形反光罩，可以认为仍然有相当多的一部分光被浪费掉了。LED 通常采用侧光入射，它的光可以比较有效地利用。虽然 LED 背光还存在发光效率相对较低、成本相对较高的问题，但是随着 LED 技术的发展，LED 的发光效率将跟 CCFL 的发光效率相近，甚至超过。CREE 公司 2010 年 3 月公布其开发的白光 LED 发光效率达到 208lm/W，这个效率是 CCFL 的发光效率的 3 倍。在成本方面，随着 LED 产业化规模的扩大和工艺技术的进步，价格正在逐渐降低。LED 的性能和成本将会在近年内满足作为背光源的需求，从而成为 LCD 背光源的主流。

（二）LED 背光源的 LED 元件类型

LED 背光源的 LED 元器件方案选择一般有两种，即白光 LED 和 RGB-LED。直接影响 LCD 显示器的色彩能力，即色域覆盖率。

1. 白光 LED 背光源器件的分类及其优势

白光 LED 包括蓝光芯片加 YAG：Ce 荧光粉、蓝光芯片加红光和绿光荧光粉、紫光芯片加红绿蓝三色荧光粉等三种。蓝光芯片激发 YAG：Ce^{3+} 黄色荧光粉可以满足色域不高的要求，基本可以替代常规的 CCFL 背光产品；蓝光芯片激发红、绿两种荧光粉能够较多地弥补红色缺失导致的颜色失真现象，可以使 LED 背光源的色域在 85% ~95%（NTSC）；紫光芯片加红绿蓝三色荧光粉由于紫光芯片发光效率较低，所以目前市场应用不多。

白光 LED 器件的优势：

（1）一般采用 1 或 2 颗芯片，封装的 LED 成本低，可靠度高。

（2）量化生产能力强，白光技术成熟。

（3）白光 LED 的光效高，且发展迅速。

（4）能够满足大多数消费人群对色彩的需求，可以通过对荧光粉的选择把色域做得很高，目前有些产品可以做到 90%（NTSC）。

（5）LED 均一性好，良率高，生产周期短。

2. RGB-LED 背光源结构及其特点

RGB-LED 是采用 R、G、B 三种颜色的芯片集成封装单颗 LED，再矩阵排布或 RGB 三种单色 LED 的直接矩阵排布的 LED 背光元件，该种 LED 背光的优点是可以使 LED 背光源的色域在 100% ~120%（NTSC），但是相对成本较高。RGB-LED 是 LCD 背光源中的高端机种，一般 LED 背光源采用三基色 LED 有两种形式：一种是每个 LED 里含有 1 颗芯片，有 RGB 三种 LED，并采用 RGB 三种 LED 的阵列方式；另一种是 1 颗 LED 里集成 3 种芯片，此种 LED 的像素点距小，目前较多采用集成式 RGB-LED。

RGB-LED 作为背光源器件其特点如下：

（1）高色域，良好的色彩表现能力，优势较白光明显。

（2）可实现动态调光，实现更小的局域调光模式，节省电能，优势较白光明显。

（3）R、G、B 三种芯片的抗衰减能力不一样。

（4）较多应用于直下式背光源，应用于侧入式背光源受混光、导光设计难度影响，因此追求局域调光等应用较少。

（5）RGB-LED 元器件的分光要求高，分 BIN（BIN 为 LED 按亮度、波长、色域等划分的档次）较多，进行 SMT 时要比白光更注意分 BIN 搭配。

（6）RGB-LED 元器件的平均光效低，一般在 30 ~ 45 lm/W，而白光可达 85lm/W 以上。

（7）主要针对直下式可调光机种，尤其更适合更大尺寸的液晶电视。

（三）LED 的两种背光源结构与相关应用

目前 LED 背光形式分为侧入式和直下式两种。侧入式主要用于中小尺寸的笔记本和显示器面板，直下式主要用于显示器和电视面板。侧入式背光技术在薄型化方面有优势。由于直下式背光 LED 均匀分布于面板的后方，因此这种背光方式得到的图像更加细腻逼真。而侧入式采用导光板传递光线，使得屏幕边缘比中间亮，并且边缘的温度也比较高。

1. LED 侧入式背光技术概述

侧入式背光的结构如图 4 - 3 所示。自 LED 侧入式背光技术发展以来，白光 LED 是侧入式的主流，侧入式具有轻薄美观的优势，且在前期开发中比直下式有价格上的优势，对于消费者的美观要求，侧入式无疑具有较大的市场空间。从最早的四个边皆有 LED 灯条，到 2011 年成为主流的长边单边灯条（如图 4 - 4 所示），是无数背光技术工程师共同努力的结果，长边单边的发展最终很可能用上短边单边的策略，但这当然要取决于 LED 的性能和散热材料的发展。目前的背光模组背板基本采用合金材料而非全铝材料，而灯条采用直角铝的散热和固定设计，短边单边可以节省铝材以及散热材料的使用，同时 LED 数量有所减少。

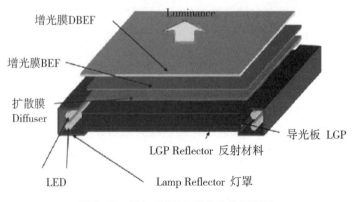

图 4 - 3　侧入式 LED 背光结构示意图

侧入式需要导光板（PMMA 材料），导光板上有油墨印刷网点或激光蚀刻微结构，主要的功能是将边缘入射的光导入到平面中，且让其光分布均匀。从成本的角度看，侧入式的技术演变是大势所趋，目前较多使用下边单边双灯条的方式。

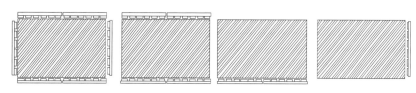

图 4 - 4　侧入式 LED 背光配置图

2. 直下式背光技术概述及其特点优势

最初的直下式背光技术，主要采用较多的小功率 LED 矩阵排布，上千颗小功率 LED 采用模块集成的方式拼成背光板，此时形成的面光源明暗区间明显，呈现出条纹状不均匀性，上面罩上扩散板，使光源尽量扩散均匀，在通过扩散膜片，直下式面光源的均匀性达到所需要的标准，若达不到辉度，可采用棱镜片起到增亮作用。当然背光光源最表层仍一定要加扩散片，既是起再次扩散作用，更是起到表面保护作用，防止棱镜片受损。

目前直下式的膜片在使用上基本可采用一张棱镜片和两张扩散片，因为直下式的光利用率较侧入式高，均匀性可以通过提高混光距离的方式（即增大模组腔体厚度）来实现，所以一般直下式的厚度较侧入式大，LED 数量较多，整机风险性大，为了降低厚度减少 LED 数量，像三星和夏普皆就采用了 LENS 方式，即 1 颗 LED 配 1 个光学扩散镜，采用 PMMA 材质透过结构设计的 LENS 可以扩散原 LED 的光学射出，如此减少混光距离，使用的 LED 功率可以进一步提升，一般在 0.5 ~ 1W，其实现模型如图 4 - 5 所示。

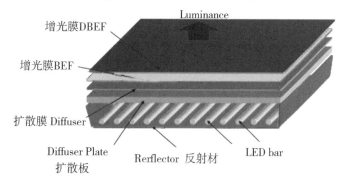

图 4 - 5　直下式 LED 背光结构示意图

通过对背光模组的结构进行设计，可以较容易地实现直下式短混光距离的技术，例如倒梯形腔体，可以通过光学辅料，实现只有几十颗 LED 的直下式背光模组。白光直下式背光模组的发展，对于降低背光模组的成本有着重要意义，因为直下式背光模组的 LED 可以采用功率更大的器件，其散热通道与背光板壳体衔接紧密，散热相对在边缘导热更直接，而侧入式的散热受到很大限制。白光 LED 直下式背光源 LCD-TV 同样可以实现局域调光，LED 数量越少、矩阵越单一，可实现动态调光的空间维数就越少，节省电能的水平就越低。

（四）LED 背光动态调光技术

1. 什么是区域调光技术

节能及画质提升技术一直是彩电行业不断追求创新的领域，随着液晶电视的普及，区域调光技术成为集节能与画质提升于一身的最佳技术之一。传统 CRT 电视因是平面光源，其发光要么整片点亮，要么整片变暗，无法实现按画面分区域调光。随着 LED 技术的发展，特别是 LED 背光技术出现以来，动态调光技术开始商业化。

动态调光技术是指液晶电视系统将图像信号分成若干区域，并根据各区域的图像亮度进行分析计算，然后自动控制各区域背光源的亮暗。动态调光技术分为 0D 调光、1D 调光、2D 调光，等等。

2. 三种动态调光技术概述

0D 调光是指 LCD 系统对整个电视画面统一调节亮度，所有的 LED 在同一场画面下亮度一样，由系统统一控制，当下一场画面亮度变暗或变亮时，系统再自动将背光统一调暗或调亮。一般算法是用软件计算整个画面的平均亮度，根据平均亮度的大小去调节背光亮暗。

1D 调光是指 LED 亮暗程度按线调节。对于直下式 LED 而言，则是按每行 LED 调节，或将相邻行 LED 分组，按组分别调节。控制系统会按区域计算各区域平均亮度，可以将上、下部分的灯管或 LED 调暗或关断，而将中间的灯管或 LED 调至最亮。

2D 调光是指将整个画面按矩阵式分成若干个区域，控制系统根据每个区域的分布计算平均亮度，对各区域的亮度进行独立控制。

3. 2D 调光技术实现区域调光

早期液晶电视主要采用 CCFL 背光，属于直线光源发光方式。如 32in TV

采用的 LCD 面板，大部分需使用 12 根 CCFL 灯管，若真的要做到 Local Dim-ming，最多也只能划分为 12 个区块，且 CCFL 光源最大的问题是点灭速度不够快，若强力驱动其开关的速度，则会减损灯管寿命，因此 CCLF 背光源无法做到矩阵式按区域调节亮度。而 LED 背光电视是指液晶电视的背光采用 LED。LED 体积小巧，属于点光源，它为实现真正的区域调光技术提供了可能。

由于 2D 调光能对 LCD 背光源做不同区域、不同程度明暗变化的调节，可大幅降低耗电量，提高显示画面对比度，增加灰阶数，减少残影，提升 LCD 显示器画质，目前是最佳的区域调光技术。这是因为不论平面光源、直线光源CCFL 还是 EEFL，其背光源一般都处在全亮状态，而当显示暗态画面时则通过降低液晶穿透率来实现，故它们对于降低耗电量没有帮助。与之相对，2D 调光在显示暗态画面时，LED 亮度随之降低，故可减少整体背光源的耗电量。除了可降低耗电量，也可改善 LCD 显示器的画质表现。因为 2D 调光技术可以对区域亮度进行独立控制，而传统平面背光源只能整片点亮，故 2D 调光可以大幅提高画面的动态对比度。LED 光源快速点灭特性让 LCD 显示器的运动拖尾也大有改善。

2D 调光技术需要 CPU 同时去分析一个图像多个区域的亮度，然后根据计算结果分别控制各区域亮度，实质是通过控制 LED 驱动来调节各区域 LED 灯的亮暗。软件对图像分析的算法对 CPU 性能是一个考验，LED 驱动时序控制在设计上也是难题，倘若时序控制不当，容易造成 LED 灯烧坏。目前 LED 电视主芯片较少具有 2D 调光功能，这样整机在设计 2D 调光时需要外加 DSP，且分区越多，LED 驱动使用越多，算法和时序控制就越复杂，这大大增加了整机的成本，所以当前市场上的液晶电视使用 2D 调光功能的还比较少。

三、关键技术的难点突破

LED 背光技术像许多新技术一样拥有许多优点，但是 LED 要想成为大尺寸LCD 背光源的主流，目前还有许多技术难点，如发光效率、散热、功耗、成本、一致性等问题。

（1）LED 的发光效率较低，与同等尺寸 CCFL 背光源相比耗电量高。目前CCFL 的输出光通量多在 5000 ~ 7000lm 这一范围，实际屏幕的输出光通量高于300lm，而多数 LED 背光都还无法达到这一指标。随着芯片技术的发展，LED发光效率的提升非常迅速，目前国外产业化水平已达到 130lm/W，而国内也达到了 100lm/W。

（2）成本太高、价格昂贵，同等尺寸的背光源，LED 是 CCFL 价格的 4 倍，对于目前价格竞争激烈的市场而言，让厂家有些望而却步。当然，随着工艺的成熟和生产规模的增加，LED 背光的成本会逐步下降。

（3）散热是一个急需突破的问题，尤其是大尺寸 TV，随 LED 数量增加，散热问题非常严重，散热将带来成本增加，导致 LED-TV 电视价格居高。

（4）混色与色差问题。LED 背光板的设计，一般不希望使用太多颗数，但若使用较少光源，照出来的亮度又会不均匀，这需要进行均匀混光。用 LED 作为背光源还存在白光的一致性问题，这比起 CCFL 来说是个劣势。RGB-LED 背光源时间一久会产生色移，波长也会随温度变化，产生不同颜色，这将会导致颜色偏移、不一致的色纯度和质量低劣的真"白色"。

四、未来的 LED 背光之路

LED 背光电视本质上不是什么新型显示技术，只不过是以应用新型的 LED 光源技术取代传统 CCFL。但是这种采用侧入式 LED 背光的 LCD-TV 却拥有传统 CCFL 无法比拟的轻薄机身，目前大部分 LED-TV 的厚度在 2cm 左右。LED-TV 电视除了厚度的优势外，还包括节能、环保，更重要的是画质的改善。随着 LED 发光效率的提高和新型背光技术的出现，LED 背光市场将不断扩大，LED-TV 电视将会逐步替代传统的 CCFL 电视。

（一）LED 发光效率的提升

提高 LED 元器件的发光效率不仅是背光市场的需求，也是众多 LED 应用领域的需求，但背光产品的整机集成度高，结构更复杂，所以比起照明类产品，提高背光源 LED 器件的光效显得更为重要。

提高 LED 元器件的光效有以下几种方法：

（1）提高芯片的光效：目前侧入式市场较多地会使用 TOP 贴片式 LED，其芯片一般使用 0.4W 或 0.5W 的产品，这个选择是 TV 背光市场底边单边双灯条驱动的结果，现在 32in 电视的背光 LED 器件一般为 70~80 颗，其光效一般中低色域为 80~90lm/W，芯片使用范围较大的是台资企业晶元光电、新世纪光电、泰谷光电。为了提高色域，现阶段的芯片需求最佳波段为 440~450nm，然而此段的产出比较少，且光效比 450~460nm 芯片偏低。

在提高芯片光效的技术中，像粗化技术、镜面反射镀层工艺、改变结构减少全反射技术、降低电压等已经被普遍采用，所以对于芯片的光效提高方面只能从外延生长技术，半导体材料等方向着手，短期内芯片光效提高的进展会放缓。

（2）封装材料的选择：选择高透过率、高折射率的封装胶材是比较直接的方法，目前较多使用透过率大于92%，折射率大于1.53的硅树脂材料，在衡量抗黄变的能力下，提高透过率与折射率仍有较大的空间。

（3）结构设计对光效的影响：结构设计可以减少光子在介质中的传播光程，以及减少反射次数，使用方法较多的有降低反射杯高度、增大杯度等，但考虑到LED器件尺寸以及实际封装时的焊线工艺难度问题，此种方式也是有极限的。

（二）新型LED背光结构

目前，LED电视的背光模组基本上有两种形式：侧入式和直下式。

侧入式背光模组的主要缺点是：

（1）不能进行区域调光；

（2）较难大尺寸化。

而直下式背光模组的主要缺点是：

（1）较难进一步薄型化；

（2）需用较多的LED光源。

总之，LED侧入式背光模组的主要缺点是直下式背光模组的主要优点，LED直下式背光模组的主要缺点是侧入式背光模组的主要优点，二者具有很强的互补性。基于这些考虑，研究人员提出了具有直下式和侧入式LED背光模组优点而没有二者缺点的新型LED背光模组：直下—侧入式LED背光模组。关于这三种LED背光模组的各自特点见表4-1。

表4-1 三种LED背光模组的特点

优点	侧入式背光模组	直下式背光模组	直下—侧入式背光模组
局部控制	×	√	√
薄型化	√	×	√
采用较少LED	√	×	√
适用于大尺寸	×	√	√

1. 新型结构相对于传统结构的优势

传统的侧入式背光模组的LED光源设置在导光板的侧面，光在导光板内传播，由网点把光反射出导光板，达到亮度均匀的目的。一方面，传统的直下式背光模组的 LED 光源设置在扩散板的下面，需要较大的距离并且采用较厚的扩散板，以便达到亮度均匀的目的。侧入式背光模组和直下式背光模组具有上述的优势和缺点，直下—侧入式背光模组则采用侧入式背光模组的导光板，使得光在导光板内部传播，由网点和反射膜把光反射出导光板，而不需要设置 LED 光源远离液晶屏，以达到亮度均匀的目的。另一方面，直下—侧入式背光模组采用了直下式背光模组来设置 LED 光源的方式，即把 LED 光源设置在导光板下方的平面上，以达到局部控制和适用于大尺寸背光模组的目的（典型结构如图 4 - 6 所示）。因此，简称为直下式导光板，以区别于传统的从侧面入光的导光板。

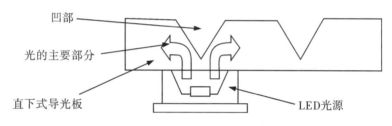

图 4 - 6　直下—侧入式 LED 背光模组结构

在很多应用中，LED 行业尽量减少全内反射，例如，LED 芯片表面的粗化，LED 封装表面的粗化等。而新型的 LED 直下—侧入式背光模组却利用直下式导光板的全内反射特性，使光的主要部分从底部引入直下式导光板后，利用凹部的侧面的作用，使得光在直下式导光板的内部转变传播方向，沿与直下式导光板的出光表面几乎平行的方向横向传播。如图 4 - 6 所示，LED 光源设置在直下式导光板的每一个凹部的下方。LED 光源发出的光的主要部分（如粗箭头所示）从底部进入直下式导光板，照射到倒圆锥体形状的凹部，直下式导光板的折射率大约为 1.5，全内反射角为 42°左右，适当选择凹部的形状，使得光的主要成分射到凹部的侧面时，被全内反射，无法继续向上射出，而是改变方向在直下式导光板内传播，直到被直下式导光板底部的网点和反射片反射，从直下式导光板的顶部射出。由于光的主要成分在直下式导光板内部的传播方式与侧入式发光模组相同，LED 光源可以紧贴导光板；此外，LED 光源位置的设置与直下式背光模组相同。因此称之为直下—侧入式背光模组。

由于光的主要部分在直下式导光板内部传播，不需要 LED 光源远离（20mm以上）直下式导光板。目前，LED 面发光贴片式封装的厚度很薄，可以做到只有

0.7mm，电路板的厚度只有 1mm，因此，采用直下式导光板的 LED 直下—侧入式背光模组的厚度只是比传统的 LED 侧入式背光模组的厚度增加不到 2mm，完全满足薄型化要求，远比直下式背光模组的厚度薄。

直下式导光板的内部形成凹部的阵列，布满直下式导光板，每一个凹部都有一个 LED 光源与之相对应，因此，LED 光源的分布是像直下式背光模组一样的分布，这种直下—侧入式背光结构能进行区域调光，并且适用于任何尺寸的背光源。

（三）新型无彩色滤光片的 LED 背光技术

在 LCD 技术的发展中，新型背光技术的作用日益显著，对于 LCD 整体结构以及色彩表现的改善起到非常重要的作用。LED 背光在 LCD 显示中的应用比例近年来大幅提升，其意义不仅仅局限于色域表现的提高，甚至有可能颠覆 LCD 的传统结构，对于 LCD 产业未来的发展具有前瞻性的意义。RGB-LED 背光的应用，发展出场序法色彩（Field Sequential Color，FSC）技术，部分厂商已经开发出无彩色滤光片的 LED 背光产品，提高面板系统的电光转换效率、色域、饱和度和降低材料成本，等等。

1. 彩色滤光片技术

在传统彩色滤光片应用中，单一像素乃由三个子像素所构成，每个子像素由一颗场效晶体管（Field Effect Transistor，TFT）控制该子像素的电场强度，以决定通过该子像素的光强度；各子像素的白光通过各子像素所对应的红、绿、蓝等彩色滤光片滤出所需要的单色光，以得到各子像素所需的各原色光强度，最后再依靠视觉系统的作用，将各子像素的原色混合成该像素所欲表现的颜色。这样必须使用白色背源模块，如 CCFL 或 LED 光源（如图 4-7 所示）。在混色原理上，各原色是以空间轴混色，空间轴上的混色表示：人眼看到东西的颜色是靠空间轴上 R、G、B 三个子像素在小于人眼视角的范围形成的混色。

2. 新型场序法色彩技术

场序法是指移除彩色滤光片（Color Filterless），且各像素不需再分割出子像素，其色彩形成，必须依靠背光模块中的三种原色光源依时序切换，搭配在各色光源显示时间内，同步控制液晶像素穿透率，以调配各原色之相对光量，再根据视觉系统对光刺激的残留效应，以形成并察知该颜色。也就是将原本的以空间轴混色改为以时间轴混色，就是让 R、G、B 三色快速切换，若转换时间短于人眼视觉所能分辨的时间，借助人眼的视觉残留效应，就能产生混色效果。

场序法技术源于彩色电视机的发展，1925 年机械电视机发展的时期，就提出了如何设计彩色显示的想法。Zworykin 是第一个提出以场序法原理来实现彩色显示技术的发明人。1939 年，Baid 等人使用 CRT 当投影元件，搭配旋转透光色轮，证实了红色与蓝绿色轮的双色彩色系统，并于 1941 年，制造出使用红、绿、蓝三色轮的彩色电视系统，成功地实现了 Zworkin 的想法。由于机械与电子同步搭配非常不容易实现，所以场序法在彩色显示领域没有获得商业化运用。近年来，由于半导体的微机电技术的发展，德州仪器公司将场序法技术成功地应用在投影仪上获得了巨大成功，开发出了数字光处理芯片（Digital Light Processing，DLP），DLP 显示器是通过一组红、绿、蓝的色轮来产生彩色的图像，当这些红、绿、蓝的图像快速地在人眼睛上停留成像时，这时人眼就感觉到看到彩色的显示画面。这是场序法技术与 DLP 的完美结合的结果。场序法在 LCD 方面的应用才刚刚兴起，随着 RGB-LED 背光的导入，人们越来越重视场序法技术。

传统 CCFL 背光的 LCD 的基本原理如图 4 - 7 所示，CCFL 白光通过薄膜晶体管阵列来控制液晶光阀，可以呈现出灰度效果的图像，这图像再透过彩色滤光片即可实现彩色图像。例如，显示一朵花（如图 4 - 8 所示），先是通过 CCFL 光源产生白光，透过 TFT 来控制液晶开关及 RGB 三基色滤光片，利用空间的混光来达到彩色显示的效果。但是，如果改用场序法技术就非常不一样了（如图 4 - 9 所示）。光源采用 RGB-LED，并且以 3 倍速度随时间序列开关液晶，利用时间混光来达到彩色显示的效果，这样就不需要彩色滤光片，可以节省成本和减少光损失。

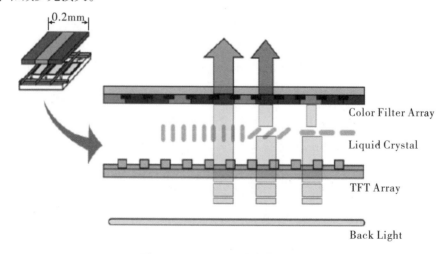

图 4 - 7   LCD 显示器的基本原理

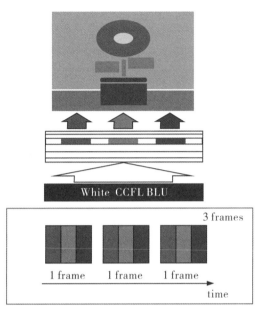

图 4 - 8　基于白光 CCFL 的成像原理

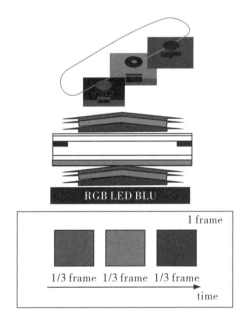

图 4 - 9　基于 RGB-LED 背光的场序法 LCD 成像原理

场序法 RGD-LED 背光系统具有传统空域混色的白光背光系统所没有的许多突出优点：

（1）不使用彩色滤光片，让 R、G、B 快速在人眼前变换，开口率大，光的使用效率几乎没有损失。无彩色滤光片的 LCD 在显示效能上的最大增益，则在于大幅提升光利用效率，理论上可提升至传统 LCD 的 3 倍。光学效率的提升，意义在于背光功耗的大幅度降低，以及对于光源亮度要求的大幅度降低。LED 背光在 LCD 市场的应用，最大的阻力在于成本、功耗和散热三项。要降低光源亮度，可以减少 LED 的采用数量，这样功耗和散热的瓶颈迎刃而解，成本可以大幅降低。同时，数量的减少更可以降低控制电路的复杂程度，增强系统的可靠性。

（2）节省制造成本。场序法 RGD-LED 背光系统不需要彩色滤光片，在制程上除节省原料成本（约占面板 15%）外，实质上还省去滤光片涂布、制作等工序，可以减少工时和提升良率以及免去配套建设彩色滤光片厂房设备的投资。另外，采用场序法技术时，一个子像素即可构成一个像素，连带减少单一像素中所需的 TFT 个数，简化控制电路的复杂度，增加像素开口率，有利于提高面板像素的空间分辨率。此外，若妥善选择适当光源，则可进一步增进系统的显示质量。例如色序法须使用脉冲式光源，LED 最为适合，因 LED 一般均具有窄半高宽之频谱特性，可呈现出高色彩饱和度的颜色，即可有效扩大系统色域（Color Gamut），即可呈现更丰富、多样的色彩。

3. 场序法 RGD-LED 背光技术存在的技术问题

相对于传统空域混色的白光背光系统，场序法 RGD-LED 背光系统除了具有以上许多突出优点外，还存在一些技术问题需要进一步完善：

（1）提高液晶的响应速度，尤其是采用 100Hz 或 120Hz 的场频，需要其响应时间小于 3 ms 甚至更短。

（2）色分离现象。场序法的原理是一幅彩色图像由三个连续的图像色场组成，三种颜色的光投射至视网膜上各像素所对应的相同位置，则各像素的色彩信息将可被视觉完整重现。若是一彩色图像所包含的三图像色场，其对应像素投射在视网膜上不同位置而被视觉系统察知，则观察者将看到色场分离错位的影像，此即为色分离（CBU）现象。又因为 CBU 通常在图像中物体的边缘形成色带排列，如同彩虹条纹，故 CBU 又称彩虹效应（Rainbow Effect）。色分离现象除了降低观觉质量外，亦有研究报告指出，在长时间观看色序型的显示器后，亦可能造成眩晕的感觉。改善色分离的方法主要有通过增加显示组件的响应速率、改变色场顺序、动态画面补偿等，需要复杂的控制算法和强大驱动电路能力。

　　LED 背光看上去好像没有什么太复杂的技术，只要把 LED 点亮就可以。但要真正完全替代 CCFL 应用到 LCD 中就涉及很多非常复杂的技术。这种技术是生产背光板的企业所不能单独完成的，而必须由生产 LCD 面板、LED 背光源和 LED 驱动等企业和研究机构多方面地紧密合作才有可能完成。随着 LED 器件、材料、工艺等技术的提高，LED 背光源一定能替代 CCFL。

第五章　LED 在农业和医疗方面的应用

一、LED 在农业方面的应用

（一）LED 在植物照明中的应用

1. 光辐射对植物生长的作用及原理

光对植物生长的作用是促进植物叶绿素吸收二氧化碳和水等养分，合成碳水化合物。但现代科学可以让植物在没有太阳的地方更好地生长，人们掌握了植物对太阳需要的内在原理，就是叶片的光合作用，在叶片光合作用时需要外界光子的激发才可完成整个光合过程，太阳光线就是光子激发的一个供能过程。光对植物的生长发育具有特殊重要的地位，它影响着植物几乎所有的发育阶段。通常植物的生长发育会依赖太阳光，但蔬菜、花卉等其他经济作物的工厂化生产、组织培养及试管苗的繁殖等还需人造光源进行补充光照。晚秋、冬、春光照时间短，作物生长场所严重缺光以至于不能正常生长，连阴天、雾天、雨雪天也会对作物的生长带来严重的影响。因此，采用人工光源在棚室内直接给作物补光是促进植物生长的有效途径。

植物的光合作用可分为光反应和暗反应两个步骤，光反应在适当的光强度和水分供给下，发生在植物细胞囊状结构薄膜上的各色素内。发生光反应的光系由多种色素组成，如叶绿素 a（Chlorophyll a）、叶绿素 b（Chlorophyll b）、类胡萝卜素（Carotenoids），等等。

暗反应（即固碳反应），是指叶绿体利用光反应产生的 ATP 和 NADPH 这两个高能化合物分别作为能源和还原动力将 CO_2 固定，使之转变成葡萄糖的过程。这一过程没有光的参与，故称为暗反应。

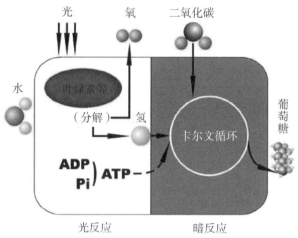

图 5 - 1 植物的光合作用原理

植物光合作用在可见光光谱（380～760nm）范围内，所吸收的光能约占生理辐射光能的 60%～65%，其中主要是波长为 610～720nm 的红、橙光和波长为 400～510nm 的蓝、紫光。LED 能够发出植物生长所需要的单色光光谱，光能的有效利用率可达 80%～90%，并能对不同光质和发光强度实现单独控制。用 LED 这种结构简便、可靠性高的节能光源代替已有的人工光源来促使植物进行高效生产，具有广阔的前景和较高的实用价值。

2. 不同光辐射波段在促进植物生长过程中的应用

植物各个阶段的成长，其不同部分如根、叶的生长所需要的光是不同的。不同植物所需要的光谱也相对不同。根据不同时期植物不同部分的需要，用合理配置的光进行照射，可以得到更好的生长效果。各波段及其作用可参考表 5 - 1。

表 5 - 1 不同光波段对植物生长的作用

光波段	对植物生长的作用
≤280nm	有杀菌的作用，但对植物有致死的作用
280～320nm	有显著的灭菌作用，对多数植物有害
320～400nm	可使植株变矮，叶片变厚，多数害虫对此波段辐射有趋光性
400～510nm	叶绿素和黄色素的强吸收带，光合作用的次高峰区，有很强的成形作用
510～610nm	光合作用的低效区，有很弱的成形作用
610～720nm	叶绿素最强的吸收带，有很强的光合效应，很多情况下也表现强的光周期效应
720～1000nm	能促进植物茎的伸长
≥1000nm	不能提供足够光合作用的光，只转化为热能

不同波段的光适用于各种阶段的植物生长，能够很好地与室内花园、水溶液培养或是土壤养殖的植物生长得一样好，而红色光有助于开花结果和延长花期，蓝光则能促进植物生长。蓝色（470nm）和红色（630nm）的LED，刚好可以提供植物所需的光线，因此，LED植物灯比较理想的选择就是使用这两种颜色组合。在视觉效果上，红蓝组合的植物灯呈现粉红色。LED植物灯的红蓝LED比例一般在4∶1~9∶1之间为宜，通常可选4~7∶1。灯的照射面积和高度会根据不同的植物和环境相应地有所改变，而且技术参数也会变化。用植物灯给植物补光时，一般距离叶片的高度为0.5mm左右，每天持续照射12~16h可完全替代阳光。植物生长灯所用料必须符合环保的要求，不能有含汞等有害的重金属物质。

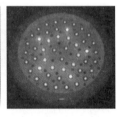

图5-2   各类LED植物生长灯产品

图5-3   LED植物生长灯的应用

3. 我国对植物补光技术的需求

与传统植物照明相比，LED植物照明有以下优点：①节能，LED光源本身比传统光源耗电量少；②高效，LED是单色光，可以贴合植物需要制造相匹配的光，而传统光源的光谱能量分布是依据人眼对光的需求设计的，并不符合植物生长需要；③LED植物照明波长类型丰富，不仅可以调节作物开花与结实，而且还能控制株高和植物的营养成分；④LED植物照明随着技术提升，系统发热少，占用空间小，可用于多层栽培立体组合系统，实现了低热负荷和生产空间小型化。

我国是农业大国，从南到北跨度较大，解决地域气候对农业的影响可促进我国农业经济的收入和满足人口日益增多的需求。南方珠三角每年春季会出现连续十几天没有太阳光，每年发生 2 ~ 4 次，每次持续时间 10 ~ 15 天。长三角地区，每年 11 月份到春节期间是果蔬生长发育的关键时期，但这段时间会出现连续的阴雨寡照，每年发生 2 ~ 4 次，每次持续时间 10 ~ 15 天。四川是农业大省，地处西南，气候全年适合作物生长，10 ~ 12 月份雾气严重，阳光严重不足。

这样的天气是对果树生长的致命打击。如果无法解决光照的问题，农民只能眼睁睁看着果蔬生长迟滞，甚至死亡，从而造成农作物大量减产，农产品品质下降，农民无法盈利甚至亏本，人们的需求也无法得到满足，市场供应短缺，菜价猛增，不利于民生。

北方地区纬度高，光照不足的问题一直阻碍着农业的发展，成为制约冬季果蔬生产的主要因素。北方冬季寒冷，晚间为了保温，一般在下午 3 ~ 4 时就要加盖草帘、棉被等，直到次日上午 10 时后才揭开。这直接导致了光照时数缩短——每天光照仅 6h，完全无法满足植物光合生长的时间需要。

为了解决光照时间与光照强度不足带来的影响，中国一部分的设施农业已经开始对反季节和存在地域缺陷的果树种植采取补光的措施，情况与原来相比已得到一定的改善。但与国外先进果蔬种植的植物工厂相比，我们还存在相当大的差距。因此，国家加大了对这方面的投资，希望通过先进的科技力量来确实解决人民的生计问题。

4. 国内外 LED 在植物生长应用方面的研究概况

多年来，国内外学者围绕 LED 光源在植物照明领域的应用进行了不懈的探索，取得了重要进展。首先，对红蓝光及其组合光源对植物生长发育的影响进行了研究，充分证明了红蓝光作为光源栽培植物的可行性。

Bula 等利用红光 LED 与蓝色荧光灯组合，成功栽培了莴苣。Lee 等（1996）与 Ladislav 等（1996）使用 LED 所产生的间歇光源刺激藻类的生产效果很好。Jao and Fang（2001）使用高频闪烁的红、蓝光 LED 为光源，发现可在不提高耗电成本的前提下提高马铃薯组培苗的生长速率。同时，在不影响植物生长速率的条件下，工作比可调进一步提升省电空间。2001 年，以色列卡纳塔克邦大学设施技术发展研究中心用红、蓝光及其组合 LED 对百合属植物的幼芽分化再生进行研究，结果表明红蓝光组合 LED 与其他光源相比更能促进花芽分化，更适合幼芽生长，植株大小和干、鲜重等生物学指标明显增加。此外，将莴苣栽培于纯蓝光 LED（$170\mu mol \cdot m^{-2} \cdot S^{-1}$）的环境中，证实可分化生长，虽然干物重小于红光或红蓝光组合下的植株，但蓝光下的植株显得更加矮壮和健康。Kozai 等（1999）使用 LED 脉冲光对莴苣的生长以及光合作用的影响进行了研究，结果表明，在周期为 $100\mu s$ 以下的脉冲光条件下，莴苣生长比连续光照射条件下促进效果提高了 20%，从而证实了采用不同频率脉冲光照射莴苣可以加速其生长。Tanaka 等利用 LED 进行植物栽培的实用化研究，探讨了脉冲光照射周期与占空比对植物生长的影响。结果表明，占空比在 25% ~ 50% 时，可加速植物生长。Heo 等（2002）研究发现，荧光灯 + 红色 LED，荧光灯 + 远红外 LED 复合光照处理，比单一荧光灯处理更能显著提高万寿菊的气孔数量。Okamoto 等使用超高亮度红光 LED 与蓝光 LED，在红蓝光比值为 2∶1 时，可以正常培育莴苣。在国内，科学家对 LED 在育苗、蔬菜栽培和温室补光方面的应用效果也做了一些研究和报道。魏灵玲等（2007）利用红色 LED（660nm）+ 蓝色 LED（450nm）进行了黄瓜的育苗试验。结果表明，LED 的红蓝光比值为 7∶1 时，黄瓜苗的各项生理指标最优，LED 与荧光灯的能耗比为 1∶2.73，节能效果显著。到目前为止，LED 已成功用于多种蔬菜、农作物和花卉植物的栽培，如莴苣、胡椒、胡瓜、小麦、菠菜、虎头兰、草莓、马铃薯、白鹤芋及藻类等，并在植物补光、组培、植物工厂领域取得了重要进展。

（二）LED 在农业应用领域的发展趋势

1. LED 在农业领域应用的现状

在农业应用上，我国政府一方面通过对科研项目的支持加快 LED 在农业领域的应用步伐，如"十一五"期间，通过"863"计划设立了一项课题，"十二五"期间亦有数个 LED 农业科研项目的立项支持。一些地方政府也通过建立农业科技示范园等形式，鼓励引入节能高效的 LED 农业照明应用项目在园区使用。尽管如此，从总体上来看，目前国家对 LED 农业应用方面的政策支持及研发投入相对偏少，在一定程度上影响了 LED 在农业领域的推广应用。

据 GLII 统计，目前中国具备一定规模的 LED 植物照明企业数量约 40 家（仅指生产型企业，不包含贸易型企业），其中大部分集中于广东深圳，LED 植物照明企业省份分布图如图 5 - 4 所示，2011 年中国 LED 植物照明产值约 3 亿元。植物照明作为 LED 的一个特殊应用领域，由于本身的优越性，逐渐得到市场的认可，市场需求逐渐增长。

广东省是 LED 植物照明企业分布的主要省份，在全国占比高达 84%，其次是山东省，占比为 8%，其他省份也有少数企业。企业高度集中于广东省，主要原因如下：

（1）产业集群，供应链比较完善。LED 植物照明灯具主要材料是 LED 光源、灯壳和电源。广东是 LED 封装和电源企业的主要集中省份，GLII 数据显示，全国 69% 的封装企业和 86% 的电

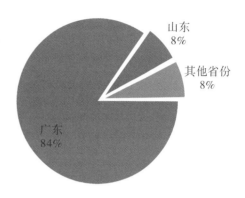

图 5 - 4　LED 植物照明企业省份分布图

源企业集中于广东省，企业在选择原材料时有更多的选择余地。

（2）LED 普通照明企业较多，部分企业切入植物照明领域。据 GLII 统计，全国超过 60% 的 LED 普通照明企业分布在广东省，随着 LED 植物照明市场的逐渐成熟，会有越来越多的 LED 普通照明企业切入 LED 植物照明领域。

（3）目前 LED 市场在国外、国内刚刚起步。从国内需求看，对 LED 植物照明需求量最大的区域为华中、华东和华北一带，农业、花卉产业相对发达，代表省份主要有山东、河南、江苏和河北等。但从目前来讲，LED 植物照明主要市场在国外，国内需求尚小，处于起步阶段，因此山东、河南等 LED 植物照明企业不多。随着国内需求逐渐起步，LED 植物照明企业高度集中的态势会有所改善，未来华东、华中地区企业数量有望增多。

从城市分布看，深圳是 LED 植物照明生产的主要城市，数量占比超过 70%。全国具备一定规模的 LED 植物照明企业约 40 家，不过目前在市场上占主导地位的仅十来家，且基本为广东深圳的企业，代表性企业包括深圳联邦重科电子科技有限公司、深圳佰晟光电科技有限公司、深圳长田照明有限公司、深圳三鑫宝 LED 照明有限公司和深圳亿上光科技有限公司，等等。

2. LED 农业应用的主要发展方向——植物工厂

植物工厂是一种可在屋内耕作农作物，利用空调系统、荧光灯或 LED 灯等人工光源，人工控制温度、湿度、光量与光质的农业。植物工厂可分为温室型半天候的植物工厂（荷兰为此类型的先进国家）与封闭型全天候的植物工厂

（日本为此类型的先进国家）。植物工厂依使用光源的不同可分成"太阳光利用型"（简称太型）与"完全控制型"（简称完型）与综合型三种。完型不仅使用人工光源，连温度、湿度、CO_2 浓度、培养液等，凡对植物生长有影响的主要环境条件，都以人工来控制，所以可以说是理想的植物工厂，但在现实上有能源成本的问题，必须设法降低成本。

（1）植物工厂的发展及特点。

1957 年，世界上第一家植物工厂诞生在丹麦，1974 年，日本等国的植物工厂也逐步发展起来。美国犹他州立大学试验用植物工厂种植的小麦，全生育期不到 2 个月，一年可收获 4~5 次。20 世纪 60 年代初次进行植物工厂的试验，并开始推行。1964 年，奥地利开始试验一种塔式植物工厂（高 30m、面积 5000m²）。该国鲁斯纳公司的塔式植物工厂已被北欧、俄罗斯、中东国家采用。奥地利的一家番茄工厂，工作人员仅 30 人，平均日产番茄 13.7T，生产 1kg 番茄耗电 9~10kw·h，成本只有露地的 60%。1971 年，丹麦也建成了绿叶菜工厂，快速生产独行菜、鸭儿芹、莴苣等。1974 年，日本建成一座电子计算机调控的花卉蔬菜工厂，该厂由 1 栋 2 层的楼房（830m²）和 2 栋栽培温室（每栋 800m²）构成，在一年内生产两茬金香、两茬垄民花、一茬番茄，做到周年生产。至 1998 年，日本已有用于研究展示、生产的植物工厂近 40 间，其中生产用植物工厂 17 间。2004 年，中国农业大学开发了利用嵌入式网络式环境控制的人工光型密闭式植物工厂。

LED 用作植物工厂的光源，具有以下优势：LED 光输出半宽窄，接近单色光，单独使用或组合使用均可，生物能效高，使用 LED 可以集中特定波长的光均衡地照射植物；LED 属于冷光源，热负荷低，可以置于离植物很近的地方而不会把作物烤伤，光的利用率很高，可用于多层栽培立体组合系统；LED 外形体积小，可以制备成多种形状的器件，占用空间很小，安装方便，使植物工厂小型化。此外，其特强的耐用性也降低了运行成本。LED 已成功应用于多种植物的栽培系统，如莴苣，菠菜，等等。

（2）植物工厂的技术背景。

植物照明的主要需求对象之一是植物工厂，植物工厂是通过设施内高精度环境控制实现农作物周年连续生产的高效农业系统，是利用计算机对植物生育的温度、湿度、光照、CO_2 浓度以及营养液等环境条件进行自动控制，使设施内植物生育不受或很少受自然条件制约的省力型生产。植物工厂采用了制造业生产的光源、空调、测量控制、节电、隔热及信息等相关技术。在植物工厂内，可人为控制与启动植物的基因表达时间与速度，从而可以培育最具营养价值与口味的高档蔬菜或是反季节蔬菜；在植物工厂内，植物生长多采用24h全天照补光或脉冲式补光，植物同化率得到最大化发挥，光照时间及光质可按人们栽培的需要进行调控，使植物光形态形成实现科学化的控制。

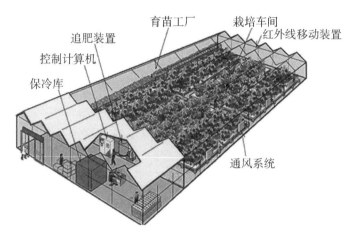

图5-5　植物工厂系统图

植物工厂的建造是系统而庞大的工程，所涉及的技术与材料，都是常规传统农业所不能比的。单环境控制部分就涉及12大系统：风能光能发电系统、人工补光系统、喷水加湿系统、空气循环流通系统、二氧化碳补充系统、营养液自动调控系统、物理杀菌系统、温度控制系统、立体式栽培系统、视频监控图像传送系统、计算器远程控制系统、废物的再循环利用系统等，与这些系统组成的学科则包括生物技术、计算器环境控制技术、物理材料技术、能源综合利用技术、规划设计技术、农产品加工储藏技术等，要进行科学设计、合理规划及严格实施才能完成。因此，必须在利用各个学科、各个部门的相互合作及配合的前提下，才能实施建造。

（3）植物工厂的意义及前景。

建造植物工厂除了本身的经济效益外，还具有更大的社会效益与科研价值。日本的地下植物工厂技术，实现了让农业生产从田野向城镇转移。这种地下的植物工厂将是未来开拓城市地下空间，营造地下生态、地下景观、地下农场、地下观光的最好模式。由于地球变暖后对农业造成不良影响，人类必须找到一种真正无公害对人体及环境没有任何残留与污染的农业生产模式，它的意义不亚于任何一个时期的农业革命。植物工厂的建造能激发更多的年轻人投入到现代高科技农业生产领域中，当前全世界的农业从业者日趋老龄化与妇女化，这与传统农业模式的面朝黄土背朝天的靠天靠力吃饭的落后生产方式有关。而这种新型的农业模式，可以让人在在植物工厂这个轻松而优雅的环境中，做些诸如生产计划制订、植物生长观察、参数数据的设定切换等皆属轻松智力型工作，大大激发了年轻人对农业的兴趣与爱好，农业生产模式及观念的改变，能使年轻人纷纷从城镇转回到农村，投身到植物工厂的现代农场建设中。这种改变对于加快农业产业发展，提高农业生产水平的意义是深远与巨大的。植物工厂以其无比的优势性与可操作性、前沿性，势必将成为我国农业发展中一个不可或缺的研究课题与发展方向，更是未来农业的一种主要模式。

目前，国内的植物工厂还刚刚起步，它除了自身的经济效益外，还具有更大的社会效益与环保生态效益。颇有远见的企业可以把它作为投资农业的一个重点项目来做，肯定能为你的企业带来不可估计的综合效益。植物工厂的建设是当前农业生产中最为前沿、最受人关注的现代农业项目，是一个庞大的系统工程，是与多学科交叉的综合工程，是我国农业发展史上具有伟大意义的工程。希望有投资项目意向的企业科研单位要从思想上重视，工程上做实，宣传上做足，把植物工厂建设成为当地农业领域最为引人注目的亮点工程，为当地农业发展撑起一片绚丽的天空。

二、LED 在医疗方面的应用

LED 光能刺激细胞线粒体新陈代谢；能对特定范围层次内肿瘤进行定位治疗、提高治疗的靶向性，本小节旨在权衡 LED 对健康的利弊的同时，揭示出 LED 更为广阔的医学应用前景。

以 LED 为主的半导体光源在治疗皮肤疾病、美容美体中有广泛的应用，其主要是用于肌肤年轻化、美白、祛老年斑、去皱、消除疤痕、消除皮肤瑕疵以及治疗一系列皮肤顽症如痤疮、粉刺、湿疹、皮炎、牛皮癣、皮肤溃疡，等等。LED 光源若得到合理应用，将在医疗领域发挥独特且不可估量的作用。

（一）LED 光源在医疗方面的应用

1. LED 用于医疗领域的优势

作为一种特殊的照明方式，医疗照明具有一定的特殊要求。医疗照明具有定点、定向照明、高强度照明、光色纯正（有极好的显色性，能够使医生清晰地区分不同器官与组织结构，而且可以在一定程度上根据需要进行色温调节，以突出显示某种器官或组织）以及均匀、无影照明，低光谱伤害，结构密封消毒，结构透气，调光控制，高可靠性等特殊优势。传统医疗照明长期都是采用卤素灯作为光源，近年来开始采用金卤灯作为光源。卤素灯、金卤灯都是光线向四面八方全空间发散的典型发散光源，这样高热辐射、全光谱、发散的光源，要达到医疗照明（手术无影灯）的上述特殊技术要求，必须采用一系列特种技术。比如，调光控制方面，卤素灯通过调整供电电压实现光强控制，但光强变化会影响其色温及显色性等。与传统医疗照明相比，LED 具有如下几方面的优势：

（1）LED 为冷光源，不产生任何红外和紫外辐射。相比之下，白炽灯和卤素灯会产生大量的红外辐射，金卤灯还有一定的紫外辐射。照射过量的紫外线，会对人体产生伤害。红外辐射，会造成创面温度升高，加速患者伤口的血凝，不利于手术的正常进行，对医生和护士也会产生炙热感，不利于手术正常进行。

（2）LED 发光具有方向性，配光方便，可以使有效的光线，投射到需要照明的区域。其他种类的光源，光线照向整个空间，需要用各种方式，将光收集汇聚，在这个过程中，大量的光被吸收。

（3）LED 光源是由小颗粒的发光源组合而成的，如果散热设计得当就很容易做成轻薄的结构，比起传统灯具笨拙的结构，更有利于手术室的空气对流，改善手术室的环境。

（4）LED 的亮度容易调节，医生在手术中，可根据不同人体组织对亮度的不同要求、环境的照明情况、眼睛的疲劳程度，方便地调节亮度，避免长时间在强光下手术，造成疲劳及老视。

（5）LED 可以方便地调节成成不同的色温，使灯光成为更纯正的白光。目前常用的卤钨灯，其固有的色温大约是 3200K，为了使光线不显得那么黄，一般通过高成本的滤光措施，使色温提高到约 4400K，但即便如此，灯光还是显得不自然。

（6）LED 光源寿命长达 50000h，是传统无影灯专用卤钨灯的 30 ～ 50 倍。在使用过程中，无须频繁地更换灯泡，降低了成本，而且能使手术更加安全。

（7）LED 光源可以瞬间启动，达到最大亮度，而传统灯具，通常需要在启动一定时间后，光源内部达到一定温度时，才能达到最大亮度，满足手术时的照明要求。

（8）LED 为低压直流驱动，可以方便地使用蓄电池，作为备用电源，实现系统的无故障运行，保证手术安全。而传统无影灯的光源，需要市电供电。其备用电源，需要复杂的逆变系统，将蓄电池直流低压供电，转化为交流高电压的市电。不但增加了成本、系统的复杂性，也增加了安全风险。

2. LED 不同光谱的光疗作用

光疗作为一种有效的治疗手段，在临床和工程上正得到越来越广泛的应用。光疗的理论基础是生物组织能吸收光能并将光能转变成热能和化学能从而导致体内产生一系列连锁的化学反应。这些化学反应，概括起来有四种类型：光致分解、光致氧化、光致聚合和光致敏化。不同波段的光所产生的生物效应也有所不同。LED 根据所需光谱，利用不同材料的不同带隙，直接产生所需要的窄带光，LED 光源是光疗最好的光源，LED 光疗还可以增强人体的免疫力。通过光化学反应，使机体从低抗原亲和性转到高抗原亲和性，这种转化是多级不可逆的，对光的波长和光强有依赖性。

红外光主要是利用它的热效应，机体吸收红外光后引起体温升高，局部或全身血管扩张，血流速度加快促进新陈代谢和细胞增生，有消炎和镇痛作用。

红光光疗的作用很广泛，治疗的机理是通过发射红光带状光谱，与人体组织线粒体的吸收谱产生共振，其吸收的光子导入人体，产生高效率的光化学生物反应——酶促反应，被细胞线粒体强烈吸收，使线粒体过氧化氢酶、超氧化物歧化酶等多种酶的活性得到激发，从而促进细胞的新陈代谢，提高肌体免疫力。

紫外光主要是利用它的高能辐射杀菌，治疗各种病菌引起的皮肤病；可见光的效应因波长不同而存在差异：红光可引起血液白细胞总数和嗜酸性粒细胞减少，改善生长代谢，降低血糖，促进卵巢黄体形成。

蓝紫光是红橙光生理作用的拮抗物，能防止胰岛素低血糖症，能漂白血液中的胆红素治疗新生儿黄疸。在国外，已经有一些医疗研究开发单位采用以蓝光 LED 作为治疗光源的新生儿黄疸治疗仪。胆红素能吸收的光线以波长 450 ~ 460nm 最佳，而蓝光波长主峰在 425 ~ 475nm 之间。

LED 的光能够刺激细胞线粒体新陈代谢。660nm、870nm 的冷光源 LED 能促进巨噬细胞释放出因子刺激纤维原细胞的活性，从而促进胶原细胞和弹性细胞的产生，减少皮肤干痒，消除痤疮，提高修复能力。633nm 的光已在动物实验中证实能促进溃疡愈合。LED 还能促进胶原蛋白合成。波长在 570 ~ 600nm 的黄光与 630 ~ 635nm 的红光可用于光子嫩肤；627nm 的红光可使皮肤美白更生，减少皱纹；420nm，590nm，625nm 和 940nm 的光可用于去细纹、去皱以及去老年斑；588nm 的黄光可治疗光老化；415nm 的蓝光照射痤疮丙酸杆菌，可以达到治疗痤疮的作用；4000～6000nm 的红外线对皮下病毒有杀伤作用，有利于浅层疾病的治疗；不同波长的光穿透能力不同，红光作用更深，而蓝光可用于表层皮肤疾病的治疗。

图 5 - 6　LED 紫外光治疗仪及红外光治疗仪

由于人造光源和自然光有差异，所以长时间处于人造光源环境，容易造成人的心理紊乱。人的生理节奏和自然光的变化是一致的，所以可以开发符合生理节奏的光源，通过调整色温来模拟自然界的光。人的生理节奏的峰值响应为蓝光 460nm。通过增加 LED 蓝光就可以模拟红外相干能量图中普朗克轨迹的色温，稳定人的心理。同时，可以设计全波段的 LED 阵列，能够调整各色 LED 的发光强度，从而满足心理治疗的不同波长和强度的要求。

3. LED 相关医疗仪器及医学照明的应用

除了应用于治疗，LED 光源还能很好地应用于检查医疗器械和医疗器械的局部照明中。许多医疗器材的照明元件都已经被新式的 LED 器件所取代，尤其是在医学显微镜的照明光源中，LED 更显示出了其独特的优点。

照明的非视觉生物效应的研究在不断深入并逐渐尝试应用，在治疗睡眠紊乱、季节性忧郁症、老年痴呆症等领域已有初步的研究成果。而 21 世纪照明行业其中一个热点便是 LED，具有高色温的 LED 光源其非视觉生物效应的作用将更为明显。考虑照明的非视觉生物效应，为了契合人体不同时段的照明需求，很多厂商提出了动态照明的概念，在一天不同的时间段，提供不同的照度和色温组合，自然渐变，以保证人体处于最佳工作和休息状态。目前，比较突出的是医疗器械是胃镜胶囊和手术无影灯。

（1）LED 光源用于胃镜胶囊。

近年来，随着人们生活水平的提高和饮食结构的变化以及环境因素的巨大变化，胃肠道疾病——诸如胃癌和肠癌等，已成为人类健康的重大威胁。但是有许多胃肠道的癌症尤其是小肠部位的癌症用传统的胃镜是难以检测到的。用超声，X 射线的医学检验的手段进行检查也是存在各自的缺陷。2000 年，Given Imaging 公司发明了胃镜胶囊。这种胶囊可以在病人无创无痛以及不需要灌肠的情况下直接检查整个消化道，因此在世界许多医学领域得到了广泛的应用。由于 LED 具有单颗体积小，中心光强大，抗震抗腐蚀，直流低压供电等优势，替代传统卤钨灯使用，效率更高。胃镜胶囊一端内部装有白光 LED 和 CMOS 或 CCD 摄像元件。当病人将此胶囊吞下后，胶囊会自动对人体内消化系统的器官进行拍照，并将图像以电信号的形式传至体外，使患者可以摆脱内窥镜的痛苦。此外，白光 LED 已开始用于外科手术照明，现行的"无影灯"的缺点在于外科医生的头部会遮挡光线，使手术作业面变暗。新开发的 LED 灯具可以戴在医生头上，便于医生主动配合视线的方位进行投光。

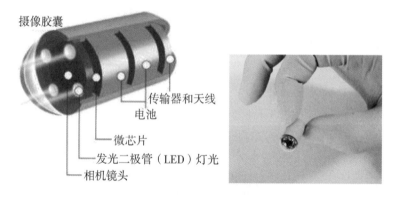

图 5 - 7 LED 胃镜胶囊

（2）LED 手术无影灯。

无影灯是用来照明外科手术部位不可缺少的重要设备，要求能最佳地观察处于切口和体腔中不同深度、大小、对比度低的物体。因此，除需要"无影"以外，还需要光照度均匀、光质好，能够很好地区分血液与人体其他组织、脏器的色差。此外，无影灯还须能长时间地持续工作，而不散发出过量的热，因为过热会使手术者不适，也会使处在外科手术区域中的组织干燥。

目前手术灯一般都采用环形节能灯或卤素灯，但随着发光二极管 LED 技术的不断发展，特别是高亮度白光 LED 的发展，LED 无影灯彻底解决了环形节能灯自身存在的先天缺陷，是环形节能灯的升级换代产品。目前，LED 无影灯的优越性逐渐被显微镜使用者所了解和接受，使用成本亦较环形节能灯低，减少了每 1~2 个月就需更换环形灯管的麻烦。

LED 手术无影灯由多个灯头组成，成花瓣状，固定在平衡臂悬挂系统上，定位稳定，能做垂直或循环移动，可满足手术中不同高度和角度的需求。LED 手术无影灯有如下几方面的优点：

①LED 为冷光源：采用新型的 LED 冷光源作为手术照明，是真正的冷光源，医生头部和伤口区域几乎无温升。

②出光质量好：白光 LED 具有区别于普通手术用无影灯光源的色品特点，可以增加血液与人体其他组织、脏器的色差，使得手术中医生的视觉更加清晰，在流淌、渗透的血液中人体的各个组织、脏器能更容易被区分出来，这是普通手术用无影灯所不具备的。

③亮度可随意调节：采用数字方式无级调控 LED 的亮度，操作者可根据自身对亮度的适应性随意调节亮度，使其达到最为理想的舒适度，使长时间工作的眼睛不易产生疲劳感。

④无频闪：因为 LED 无影灯为纯直流供电，无频闪，不易使眼睛产生疲劳感，亦不会对工作区域的其他设备产生谐波干扰。

⑤照射光斑均匀：采用特殊的光学系统，可以实现 360°均匀照射在被观察物体上，无虚影产生，清晰度高。

⑥寿命长：LED 无影灯平均寿命长（35000 h），远长于环形节能灯（1500~2500h），寿命为节能灯的 10 倍以上。

⑦节能环保：LED 具有较高的发光效率，耐冲击，不易破碎，无汞污染，且其发出的光不含红外和紫外成分的辐射污染。

图 5 - 8　LED 手术无影灯

（二）LED 在医疗方面的发展趋势

LED 最大的优势是可调性，采用 RGB 三色混光的白光 LED 可在 2000～8000K 甚至更宽范围内调光。考虑到这一特性以及照明的非视觉生物效应，可提供不同的照度和色温组合，以保证人体最佳的工作和休息状态，很多厂商提出了"动态照明"概念，这一优势是传统光源无法比拟的。

全球对 LED 照明的光生物安全评估至今未有定论。对我国来说，科学理性地进行产业发展的时空布局，从技术角度寻找减除 LED 生物危害的解决方案，关乎 LED 照明产业的健康持续发展，更可以通过 LED 照明国家标准的谋划以及相关专利的布局，争取在这个领域的标准制定权。

LED 在医疗和美容方面的应用目前还在研发阶段，也有美容院使用此产品，但大多还在研发和初步使用阶段，在此方面的研发需要更多的医学科研与灯具设计师的配合，灯具技术不是难点，LED 的点光源使医疗器械的尺寸更加小型化。

LED 将为健康产业的发展和未来医学做出巨大贡献，这无疑为照明领域的发展提供了全新思路。我们期待着在生物安全得到有效评估的基础上，LED 光源能真正为我们所用，使新兴高科技产业真正为人类健康造福。LED 在未来医学美容方面的应用前景非常广泛。

中国医用照明产业技术整体较低、品牌效应不足，中国潜在的巨大应用市场令人垂涎，而目前国内大医院用的设备基本上大部分来自国外的品牌如德国马丁、创孚、德尔等，国内品牌的医疗照明产品仅能占领部分中小医院。LED 医用照明产品价格相对高昂（国外品牌售价高达 60 万元/台），而国内 LED 医用照明产品相对价格较低具有价格优势，因而目前在国内市场中仍占半壁江山。市场潜力是中国最大的优势，由于近年来国家对医疗卫生和国民健康的关注和投入使得原来不完善和不健全的医疗体系和制度逐步完善，带动了整个医疗器械行业的飞速发展，因而带动了医用照明需求的日益扩大。

从应用层面来讲，LED 医用照明技术在未来的发展中将被广泛地应用于手术照明：手术无影灯；区域照明：手术间、手术准备间、病区照明；局部照明：妇科检查灯；诊断照明：头灯、耳灯、口腔灯、护理灯等方面。综观国内外 LED 医用照明技术研究及其应用的现状与进程，LED 医用照明虽然刚起步，但医用照明属于医疗器械范畴，准入门槛高，发达国家在这方面也刚刚起步，我国与国际先进水平差距相对较小，已被医疗行业寄予厚望，故 LED 医用照明产品会在未来的 3~5 年中逐步替代传统的医疗照明产品。

目前，国内的 LED 医用照明企业已初步研发了与市场需求相匹配的 LED 医用照明产品，中、低端产品通过"国家中央资金农村卫生服务体系基本医疗设备国内招标"及"国产医疗器械产品应用示范工程（简称十百千万工程）"等项目在县级、乡镇、社区卫生机构进行推广应用，中、高端产品已在国内众多三甲医院进行了样板示范和部分销售，并出口到了日本、澳大利亚、菲律宾、土耳其及南美地区，并得到发达国家医疗机构的认可。国内市场发展完成了前期的市场引导并奠定了一定的市场基础，整个市场的健康有序发展急需相关部门对产业发展进行指导及推动。

第六章　晶片外延

一、晶片外延基础知识

（一）外延片的重要性

外延片是 LED 的核心部分，它决定了 LED 的波长、亮度、正向电压等主要光电参数。外延片的质量决定了 LED 产品的性能，其生长是 LED 产业链中的关键，具有技术难度高、资金投入大、进入壁垒高等特点，是 LED 产业的核心技术，占行业利润最大，约 60%，因此对 LED 外延片生长进行了解是非常有必要的。LED 外延片和外延结构如图 6－1 所示。

（a）　　　　　　　　　　（b）

图 6－1　（a）**2in；4in；6in 系列 LED 外延片**
　　　　（b）**LED 外延片结构示意图**

（二）外延的定义及优点

何谓外延？1928 年，Royer 针对晶片生产，首次提出"外延（epitaxy）"一词，意思是在具有一定结晶取向的原有晶片（一般称为衬底）上生长出晶片薄膜的方法。而新生的单晶层，称为外延层。图 6 - 2 是外延方法的示意图，其中外延前所用的晶片称为衬底，而在衬底上利用一定的设备和技术生长的单晶层，就是外延层，生长的过程，可称为外延。由于晶片外延具备如下显著优点：①可在低于衬底熔点的温度下生长半导体单晶薄膜；②可生长薄层、异质外延层和低维结构材料；③可生长组分或杂质分布陡变或渐变的外延层；④可在衬底指定区域内进行选择性外延生长，因此外延技术得到了广泛的应用。到1959 年，外延技术就被用于半导体制造领域，并且同年首次应用此方法生长了单晶硅薄膜，后来又扩展到化合物半导体，成为晶片生长中不可或缺的手段。如今和人们生活紧密相关的光源如：红、黄、蓝、绿、白光 LED，其制造的原材料就是利用晶片外延的方法获得的。

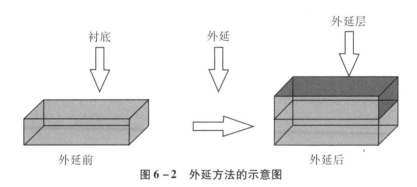

图 6 - 2　外延方法的示意图

（三）衬底的重要性及选取原则

从晶片外延的示意图可看出，外延是在衬底上进行的一个生长过程，外延层质量的好坏，与外延衬底的选取以及外延的生长工艺有很大关系。因此要了解晶片外延的基础知识，首先必须了解衬底。

衬底是具有一定结晶取向的晶片。外延时对衬底材料的选取，一般遵循如下特点：

（1）结构特性好，外延材料与衬底的晶片结构相同或相近、晶格常数失配度小、结晶性能好、缺陷密度小。

（2）界面特性好，有利于外延材料成核且黏附性强。

（3）化学稳定性好，在外延生长的温度和气氛中不容易分解和腐蚀。

（4）热学性能好，包括导热性好和热失配度小。

（5）导电性好，能制成上下结构。

（6）光学性能好，制作的器件所发出的光被衬底吸收少。

（7）机械性能好，器件容易加工，包括减薄、抛光和切割等。

（8）价格低廉。

（9）大尺寸，一般要求直径不小于2in。

（10）容易得到规则形状衬底（除非有其他特殊要求），与外延设备托盘孔相似的衬底形状才不容易形成不规则涡流，以至于影响外延质量。

（11）在不影响外延质量的前提下，衬底的可加工性要尽量满足后续芯片和封装加工工艺要求。

衬底的选择要同时满足以上 11 个方面是非常困难的。所以，目前只能通过外延生长技术的改进和器件加工工艺的调整来适应不同衬底上的半导体发光器件的研发和生产。因此需要了解外延生长技术，而外延生长技术离不开对外延生长方式和原理的了解。

（四）晶片外延的主要方式及其各自的优缺点

目前，制备晶片外延的方式主要有液相外延（LPE）、气相外延（VPE）、分子束外延（MBE）、金属有机物化学气相淀积（MOCVD）等。

1. 液相外延

液相外延（Liquid Phase Epitaxy）是指在一定取向的单晶衬底上，利用溶质从过饱和溶液中析出，来生长外延层的技术。其优点：①生长设备简单，成本低；②外延速度快；③晶片纯度高；④外延层的位错密度通常低于所用的衬底；⑤操作安全。但也存在如下的缺点：①对外延层与衬底的晶格匹配要求较高；②外延层的表面形貌相对较差；③固溶体组分或掺杂不均匀；④生长多种材料和薄层、超晶格及复杂结构有一定的局限性。液相外延目前主要应用在：生长砷化物和磷化物，例如：GaAs、GaAlAs、GaP、InP、GaInAsP 等半导体材料单晶层。以 GaAs 为例，是以 Ga 为溶剂，As 为溶质溶解成溶液，布在衬底上，使之缓慢冷却，当溶液超过饱和点时，衬底上便析出 GaAs 而生成晶片。

2. 气相外延

气相外延（Vapor Phase Epitaxy）是将含有组成外延层元素的气态化合物

输运至衬底，进行化学反应而获得单晶层的方法。气相外延包括氯化物气相外延（Cl-VPE）、氢化物气相外延（HVPE）和金属有机物气相外延（MOVPE）。其优点有：①适于生长薄层、超薄层，乃至超晶格、量子阱等低维结构的材料；②易批量生长，易产业化。但也存在如下的缺点：①使用有毒和易燃物质，操作及使用不安全；②原材料价格昂贵，成本高；③生长工艺复杂。气相外延目前主要应用在：生长具有一定光电功能的外延材料，例如：红光 LED、蓝绿光 LED、激光器、太阳能电池等具有器件结构的外延层。

3. 分子束外延

分子束外延（Molecular Beam Epitaxy）是在超真空条件下，将构成外延层各组员的原子和分子束流，以一定的速率喷射到被加热的衬底表面，在其上进行化学反应，并沉积成单晶薄膜的方法。其优点有：①生长温度低；②纯度高、均匀性和重复性好；③生长界面陡峭。但也存在如下的缺点：①费用昂贵（真空装置费和运转费）；②设备利用率低；③生长速度慢，不易生长厚层结构的器件且表面缺陷不易克服。

4. 金属有机物化学气相淀积

金属有机物化学气相淀积（Metal-Organic Chemical Vapor Deposition）是指采用气态源的输送方式，进行外延的制备。MOCVD 具有下列一系列优点：①适用范围广泛，几乎可以生长所有化合物及合金半导体；②非常适合于生长各种异质结构材料；③可以生长超薄外延层，并能获得很陡的界面过渡；④生长易于控制；⑤可以生长纯度很高的材料；⑥外延层大面积均匀性良好；⑦可以进行大规模生产。目前是国内外用于产业化生产 LED 的主流技术。

（五）MOCVD 外延生长的条件及基本过程

MOCVD 以Ⅲ族、Ⅱ族元素的有机化合物和 V、Ⅵ族元素的氢化物等作为晶片生长源材料，以热分解反应方式在衬底上进行气相外延，生长各种Ⅲ-V族、Ⅱ-Ⅵ族化合物半导体以及它们的多元固溶体的薄层单晶材料。通常MOCVD 系统中的晶片生长都是在常压或低压（10～100Torr）下通 H_2 的冷壁石英（不锈钢）反应室中进行，衬底温度为 500℃～1200℃，用射频感应加热石墨基座（衬底基片在石墨基座上方），H_2 通过温度可控的液体源鼓泡携带金属有机物到生长区。（MOCVD）生长中的输送和反应的基本过程如图 6-3 所示，参与反应的气相前驱体（Precursor）随着气流进入反应室混合，并输送到沉积区域。前驱体在沉积区域发生气相反应，产生"成膜前驱体"（Film precursor）和副产物，并沉积吸附到衬底表面，在表面上扩散。控制衬底温度高于前驱体分解的温度，使得前驱体在衬底表面上发生分解和化学反应，生成最终产物（Product）和反应副产物（By-product）。最终产物继续在表面扩散，并在成核位置和表面结合外延生长。同时，控制气相反应剂处于过饱和状态，来抑制因生长温度高于升华温度而带来的材料逆向分解和挥发。最后，副产物连同挥发物用气流带出反应室。

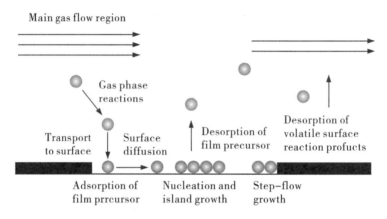

图6-3　MOCVD材料生长中输送和反应的过程示意图

二、晶片外延技术现状

LED晶片外延的发展与外延设备、生长技术及外延工艺的发展息息相关。下面从这三个方面来简介晶片外延技术的现状。

（一）MOCVD及相关设备技术发展现状

1. MOCVD设备的发展及应用

MOCVD技术自20世纪60年代首次提出以来，经过七八十年代的发展，90年代已经成为GaAs、InP等光电子材料外延片制备的核心生长技术。目前已经在GaAs、InP等光电子材料生产中得到广泛应用。日本科学家Nakamura将MOCVD应用于GaN材料制备，利用他自己研制的MOCVD设备（一种非常特殊的反应室结构），于1994年首先生产出高亮度蓝光和绿光发光二极管，1998年实现了室温下连续激射10000h，取得了划时代的进展。到目前为止，MOCVD是制备GaN发光二极管和激光器外延片的主流方法，从生长的GaN外延片和器件的性能以及生产成本等主要指标来看，还没有其他方法能与之相比。

MOCVD 作为 LED 最核心环节的外延片生长关键设备，不仅决定着 LED 产品的性能，而且也决定着 LED 的生产成本。

2. MOCVD 设备生产厂家及其市场占有情况

MOCVD 设备的发展经历了由手动到全自动、简单到复杂、小尺寸到大尺寸、单片机到多片机的一个过程。国际上 MOCVD 设备制造商主要有三家：德国的 AIXTRON 公司、美国的 EMCORE 公司（已经被 VEECO 收购）、英国的 Thomas Swan 公司，这三家公司产品的主要区别在于反应室。AIXTRON 采用行星反应室（Planetary Reactor），EMCORE 采用 TurboDisc 反应室（该业务已出售给 Veeco 公司）、Thomas Swan（该公司于 2003 年 2 月份被 Aixtron 兼并）采用 Closed Coupled Showerhead（CCS）反应室。根据 Gartner Dataquest 最近的一份分析报告，2008 年 AIXTRON 公司 MOCVD 复合半导体设备的全球占有率达到 72%。目前，AIXTRON 公司最先进的独特的行星反应室技术已应用在大型 G4 2800HT 42 × 2″以及 Thomas Swan CCS Crius 30 × 2″MOCVD 系统上，使得 AIXTRON 的 MOCVD 设备被公认为是世界上技术和商业价值最完美的结合。美国的 EMCORE 公司（VEECO）占 20% 以上，其中主打机型 45 片机 K465 已经销售超过 100 台，至今 K 系列 MOCVD 产品全球销售超过 200 台。80% 的世界顶尖 LED 企业已经采用 K465 型号的 MOCVD。根据 IMS 的 Reseach 统计，2010 年 GaN 金属有机化学气相淀积（MOCVD）设备共计出货 798 台，其中，VEECO 与 AIXTRON 仍是最主要的供应商，前者市场占有率由 2009 年的 31% 蹿升至 42%，而 AIXTRON 则由原本的 62% 萎缩至 55%，合计市场占有率高达 97%。其余设备商如应用材料、周星（Jusung）与大阳日酸株式会社（大阳日酸）则仅占极小的出货比例。在 2010 年全球 MOCVD 新增安装量中，韩国增量最多，其次是我国台湾地区。结合 MOCVD 的供应情况，中国 LED 芯片制造厂 MOCVD 机台的放量及装机高峰将落在 2011 年，而其他地区的增量会保持与 2010 年相当的水平或出现下降。AIXTRON 公司预计，该公司 2011 年营收额将达 4.5 亿欧元（约 40.43 亿元人民币），其中中国市场将占其总营收的 40%，也就是 1.8 亿欧元（约 16.17 亿元人民币）。VEECO 大中华区总裁王克扬也表示，中国是全球新增 GaN MOCVD 系统市场的主要力量。他估计，2011 年来自中国的需求将占全球新增 MOCVD 设备市场的 60%，超过 1000 台。其他 MOCVD 制造商主要包括日本酸素（Nippon Sanso）和日新电机（Nissin Electric）等，其市场基本仅限于日本国内。此外，日亚公司和丰田合成的设备主要是自己研发的，其 GaN-MOCVD 设备不在市场上销售，仅供自用。从设备性能上来讲，日亚公司设备生产的材料质量和器件性能，要优于 AIXTRON 和 EMCORE 的设备。MOCVD 的主要厂商虽然为欧美，但最大的两家 AIXTRON 和 VEECO 都是单纯的设备制造商，不会对外延片生产厂商构成威胁。

3. 我国在自主研发 MOCVD 设备方面所做的努力以及存在的问题

目前，国内的高端外延设备基本上由国外几家公司垄断，由于技术含量高，MOCVD 设备站在了 LED 行业价值链的顶端。在 LED 产业链众多设备中，唯独 MOCVD 设备单价超过 100 万美元。我国于 2003 年正式实施"国家半导体照明工程"，并在"十五""十一五"重点攻关课题和"863"计划中，将 MOCVD 设备国产化列入重点支持方向。在国家政策的支持下，"十五"期间，我国在 MOCVD 设备国产化方面已取得了初步成效。中国电子科技集团公司第四十八研究所通过消化吸收和关键技术再创新等措施，成功研发了 GaN 生产型 MOCVD 设备（$6 \times 2''$），填补了国内空白，使长期制约我国 LED 产业发展的装备瓶颈得以突破。同时，中科院半导体所、南昌大学、青岛杰生电器等单位也成功研发了研究型的 MOCVD 设备。

然而，国产 MOCVD 设备还存在以下问题：①国产 MOCVD 设备仍处于技术跟踪阶段，设备产业化水平与生产需要不相适应。目前，国内研制的 MOCVD 设备最大产能为 6 片（四十八所的 GaN-MOCVD），量产企业对单批产能的最低要求是在 30 片以上。截至 2007 年 12 月，在国外推出的最新型 MOCVD 设备中，AIXTRON 已推出行星反应式的 42 片机（AIX2800G4 HT）和 CCS 反应室的 30 片机（CRIUS）。由于产能的差距，小批量的 MOCVD 设备外延片生产成本较高，大大降低了设备的性价比，使得国产设备刚研发出来就已经落后了；②设备造价高，应用风险大，多数厂商更愿意采购技术成熟的进口设备。MOCVD 设备的造价昂贵，生产型 MOCVD 设备的售价高达 1000 万 ~ 2000 万元；厂商对此类设备的采购均十分谨慎，更愿意采购技术成熟、售后服务完善的进口设备，使得国产 MOCVD 设备的推广处于尴尬的境地；③自主创新有待加强，国产 MOCVD 设备面临专利壁垒。目前，国产 MOCVD 设备的研发还处于"消化、吸收"阶段，而国外主流商用机型已建立严密的专利保护，如 AIXTRON 的 Planetary Reactor 反应器、THOMAS SAWN 的 CCSR（Close Coupled Showerhead Reactor）反应器、VEECO 的 Turbo Disk 反应器和日本 SANSO

公司双/多束气流（TF）反应器均是自己独有的专利技术，国产 MOCVD 设备产业化面临专利壁垒的考验。由此可见，对于国内而言，MOCVD 设备的研发任重而道远。

（二）MOCVD 生长外延片技术发展现状

GaN 是制造白光 LED 的关键材料。MOCVD 是一种非平衡生长技术，它依赖于源的气体传输过程和随后的Ⅲ族烷基化合物和Ⅴ族氢化物的热裂解反应。1968 年，H. M. Manasevit 等人提出用 MOCVD 技术制备半导体化合物，他们在水冷却的反应室里用三乙基镓（TEGa）和砷烷（AsH_3）生成了 GaAs。随后1969 年 Manaservil 和 Simpson，1970 年 Manaservil 和 Hess 把这种技术应用到GaAsP、GaAsSb 以及含 Al 化合物的生长当中。由于利用 MOCVD 技术制备薄膜的生长速度比 MBE 技术快，因而采用 MOCVD 技术更有利于批量生长，经过70 年代至 80 年代的发展，90 年代它已经成为 GaAs、InP 和 GaN 等光电子材料的核心生长技术，特别是制备 LED 的主流技术。

在 GaN 生长方面，1971 年 H. M. Manasevit 等人报道了用 MOCVD 技术在蓝宝石衬底加上外延 GaN 薄膜，由于 GaN 与蓝宝石衬底的晶格失配和热失配都很大，生长的样品表面形貌很差，外延薄膜存在裂纹，N 型背底浓度通常在$10^{18} cm^{-3}$以上。此后的十几年里，对Ⅲ-Ⅴ族氮化物材料的研究进展不大。直到1986 年，H. Amano 等人引入低温 AlN 作为缓冲层，用 MOCVD 生长得到了高质量 GaN 薄膜单晶。两步生长法即首先在较低的温度下（500℃~600℃）生长一层很薄的 GaN 或 AlN 作为缓冲层，经高温退火后，再将温度升高到 1000℃以上生长 GaN 外延层。这种方法的实质是在外延薄膜层和大失配的衬底之间插入一层软的薄层，以降低界面自由能。实验结果表明，引入低温缓冲层后，外延薄膜的表面形貌和晶片质量显著提高，材料的 n 型背底浓度下降两个数量级以上，并且材料的光学性能（PL）也有提高，两步生长法已经成为在蓝宝石衬底加上外延 GaN 的标准方法。1991 年，Nakamura 等人先对 GaN 生长工艺MOCVD 做了改进，提出了双流送气法，接着 Nakamura 等人用改进的 MOCVD去生长 P 型 GaN，通过热退火工艺，消除了氢钝化的影响。目前已经可以制备载流子浓度 $10^{18} cm^{-3}$ 量级的 P 型 GaN 半导体材料。1997 年，C. R. Lee 等人采用横向反流反应室，制备出高质量的 GaN 外延层。B. L. Liu 等人于 2004 年，采用了一种三步生长法，并通过这种工艺制备出高质量的 GaN 外延层。

近年来，MOCVD 技术不断发展，通过对反应室及制备工艺进行不同的优化，从而提高了外延制备 GaN 层的质量。此外其他技术也被用于 MOCVD 设备，如实现实时原位监控，等等。

（三）外延工艺发展现状

外延工艺的发展应包括两个方面：①衬底材料的选取及其工艺处理；②外延生长的工艺调整。因为很多情况下，外延质量的好坏直接取决于衬底的选取，而衬底与外延层最大的差异在于晶格失配和热膨胀系数失配。外延发展至今，众多科研小组一直致力于解决衬底与外延层的差异，因此外延的发展历史是一部与衬底打交道的历史。近年来，人们在衬底材料选用和生长工艺方面进行了大量的探索，应用了缓冲层技术、插入层技术、横向外延过生长（ELOG）技术、柔性衬底（SOI）技术、衬底表面处理等，在很大程度上减少了外延层缺陷，提高了外延薄膜质量。下面从衬底材料选用和生长工艺调整两方面作介绍。

1. 衬底材料的选取

以生长 Ⅲ-Ⅴ 材料的 GaN 为例，进行异质外延时不可避免的晶格失配和热失配所产生的应力会诱生大量位错及缺陷，密度高达 $10^8 \sim 10^{10} \mathrm{cm}^{-2}$。表 6-1 给出了用于 GaN 外延生长的衬底材料的基本参数。

表 6-1　用于生长 GaN 的衬底材料的晶格常数和热膨胀系数

分子式	晶体结构	晶格常数（nm）	适配度（△a/a/%）	热膨胀系数（×10K）
GaN	六方	a = 0.3189 c = 0.5185		5.59（a） 3.17（c）
GaN	立方	a = 0.452		
AlN	六方	a = 0.3112 c = 1.2991	2	4.2（a） 5.3（c）
蓝宝石	六方	a = 0.4785 c = 1.2991	15	7.5（a） 8.5（c）
SiC	六方	a = 0.308 c = 1.512	3.5	4.2（a） 4.68（c）
Si	立方	a = 0.54301	17	3.59（a）

续表

分子式	晶体结构	晶格常数（nm）	适配度（△a/a/%）	热膨胀系数（×10K）
MgO	立方	$a = 0.4216$		10.5（a）
$MgAlO_2$	立方	$a = 0.8083$	9	7.45（a）
ZnO	六方	$a = 0.325$ $c = 0.5213$	2.2	8.25（a） 4.75（c）

GaN 外延常用衬底材料简介

国际上常使用蓝宝石、SiC、Si 作为衬底材料，在蓝宝石衬底加上外延 GaN 材料，是目前制作蓝光器件的通用办法，并且已产业化。

但是用蓝宝石做衬底，有几个难以克服的固有矛盾：一是价格昂贵，虽然产业化以来有所下降，但仍居较高价位；二是蓝宝石晶片难以大直径化，晶片切、磨、双面抛光加工难度很大，磨料与抛光液均比 Si 片加工的特殊性大；三是蓝宝石晶片很难解理，给划片带来较大的困难；四是蓝宝石导热率较低，是制备大功率发光管的瓶颈。

SiC 的晶格常数和热膨胀系数与 GaN 材料更为接近，SiC 晶片易于解理，且可通过掺杂成为低阻材料，利于电极制作，但是它的价格更昂贵。

目前半导体 Si 片及器件工艺成熟，Si 片易于大直径化和机械加工，极易解理，成本低，因此在 Si 衬底加上外延 GaN 材料是最理想的。国内外研究者一直在不断探索着用 Si 做衬底生长 GaN 外延层，并取得不少成果。在 Si 衬底加上异质外延生长氮化物发光器件会降低生产成本，并有可能将光发射器与 Si 电子学集成起来，加速和扩大 GaN 在光电子和微电子方面的应用，是实现光电集成的关键，对发展全 Si 光电子集成具有重大意义。

GaN 的同质外延是最没有失配的，但 GaN 单晶生长极其困难，目前用氢化物气相外延（HVPE）法生长 GaN 薄膜的技术还未产业化。

此外，AlN 与 GaN 的晶格失配仅有 2%，热膨胀系数相近，是除了 GaN 以外最为理想的衬底材料。国外也有研究小组利用 ZnO、MgO、$MgAlO_4$ 做衬底。王占国院士提出的柔性衬底概念，开拓了大失配材料体系研制的新方向。柔性衬底技术作为一种降低应力的技术，可大大提高外延层的质量，逐渐得到人们的重视。中国科学院半导体所研制出了全单晶的新结构柔性衬底，并在其上生长出了高质量的 GaN 薄膜材料。

在实际的研究和工业生产中，我们应当综合考虑各个衬底材料的优缺点以及前面提出的外延衬底的选取原则，选择合适的衬底进行相关材料的外延生长。

2. 生长工艺方面的进展

外延生长最主要的难点在于缺乏合适的衬底。因为直接合成 GaN 单晶比较困难，需要高温高压的条件，而且生长出来的单晶尺寸小，不能满足生产的要求。因此目前商业化的 GaN 基器件基本都是采用异质外延，使用的衬底材料主要有蓝宝石、SiC、Si 等，但是这些衬底与 GaN 材料之间的晶格失配和热失配较大，因此在外延的 GaN 材料中存在较大的应力并产生较高的位错密度，这将不利于 GaN 基器件性能的提高。

（1）用于提高 GaN 外延材料质量的方法。

为提高 GaN 外延材料的质量，已经有大量的生长方法被提出：

①缓冲层技术，包括低温 GaN 缓冲层、低温 AlN 缓冲层、ZnO 缓冲层以及最近新出现的 ZrB_2 缓冲层技术等等；

②插入层技术，包括低温 AlN 插入层、AiGaN 插入层以及多层膜插入层技术；

③横向外延过生长方法（ELOG），该方法在提高 GaN 材料生长质量的方法中是最重要的降低位错密度的一种方法，能将 GaN 外延层的位错密度从 $10^{10} cm^{-2}$ 降低到 $10^6 cm^{-2}$。

（2）横向外延过生长方法的原理及优缺点。

图 6-4 给出了横向外延过生长 GaN 材料的示意图。其工艺过程为在 GaN 模板上沉积 SiO_2 薄层，然后刻出图形，作为衬底进行 GaN 的二次生长，二次生长一般采用 MOCVD 加以实现。在这两种生长方法中，GaN 的二次生长只发生在 GaN 窗口层，在 SiO_2 上不会沉积 GaN 薄膜，SiO_2 上方的 GaN 由窗口层材料横向延伸产生，横向方向垂直于位错传播方向，因此在横向生长的 GaN 材料中，位错密度得以大大减少。

由于掩膜层的存在阻挡了其下方的穿透位错向上方外延层的传播，因而掩膜层上的 GaN 材料几乎是由无位错的非极性垂直面生长而成的。图 6-5 所示为横向外延过程中 GaN 材料内部的位错行为示意图。

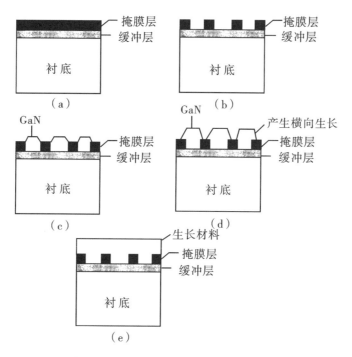

图 6-4　横向外延过生长 GaN 实验过程 (a) 生长缓冲层和掩模层;(b) 刻蚀出窗口图形;(c) 窗口区生长;(d) 产生横向生长;(e) 横向生长完成

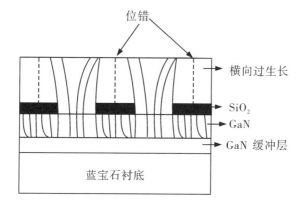

图 6-5　横向外延过生长 GaN 材料中线位错行为示意图

尽管 ELOG 技术在提高材料结晶质量和降低位错缺陷等方面有很大的突破,但是仍然有一些问题存在:

首先,在选区外延过程中掩膜层材料的引入增加了在 MOCVD 反应室中引入污染从而增加外延层中的掺杂的可能性，这会增加位错的形成，不利于晶片质量的提高；

其次，许多 ELOG 过程首先生长 GaN，然后在其上进行掩膜处理，这样必然会导致间断生长的发生，并且把样品从反应室中取出的过程不可避免会对样品造成一定程度的污染；

再次，膜层制作完毕后进行二次生长，操作的反复性不利于降低成本和节省资源和空间；

最后，掩膜层与外延层接触式的生长模式容易在外延层中引入应力，不利于位错密度的降低。

为了进一步提高外延晶片质量，有研究者通过结合图形衬底技术与 ELOG 技术来达到目标。

三、关键技术的难点突破及待解决的难题

目前，LED 还未大规模进入普通照明领域，主要原因有：LED 价格高，性价比低；LED 性能有待改善。特别是大功率 LED 还有很多问题有待解决，例如，在单个芯片内注入大的电流，会引起发光效率的下降（Efficiency droop）。量子效率在大电流下的降低都归根于 LED 外延片结构和质量问题。而 LED 外延片生长还有以下几个技术难点有待突破。

（一）寻找合适的衬底

1. 蓝宝石衬底的优缺点

目前用于 GaN 生长的最普遍的衬底是蓝宝石，其优点是化学稳定性好、不吸收可见光、价格适中、制造技术相对成熟；缺点虽然很多，但均被一一克服，如大的晶格失配被过渡层生长技术克服，导电性能差通过同侧 P、N 电极克服，机械性能差不易切割通过激光划片克服，此外大的热失配对外延层形成压力因而不会龟裂。但是，虽然差的导热性在器件小电流工作时没有暴露出明显不足，在功率型器件大电流工作下问题却十分突出。

2. SiC 衬底的优缺点

除了蓝宝石衬底外，目前用于 GaN 生长的衬底还有 SiC，它在市场上的占有率位居第二，目前还未有第三种衬底用于 GaN LED 的商业化生产。SiC 衬底有许多突出的优点，如化学稳定性好、导电性能好、导热性能好、不吸收可见

光等，但不足方面也很突出，如价格高、晶体质量难以达到蓝宝石和 Si 那么好、机械加工性能差。另外，SiC 衬底吸收 380 nm 以下的紫外光，不适合用来研发 380nm 以下的紫外 LED。SiC 衬底具有优异的导电性能和导热性能，不需要像蓝宝石衬底上功率型 GaN LED 器件那样采用倒装焊接技术解决散热问题，而是采用上下电极结构，可以比较好地解决功率型 GaN LED 器件的散热问题。目前国际上能提供商用高品质的 SiC 衬底的厂家只有美国 CREE 公司。

3. GaN 单晶是最理想的 GaN 外延衬底材料

用于 GaN 生长的最理想的衬底自然是 GaN 单晶材料，这样可以大大提高外延片的晶体质量，降低位错密度，提高器件工作寿命，提高发光效率，提高器件工作电流密度。可是，制备 GaN 体单晶材料非常困难，到目前为止尚未有行之有效的办法。有研究人员通过 HVPE 方法在其他衬底（如蓝宝石、SiC、LGO）上生长 GaN 厚膜，然后通过剥离技术实现衬底和 GaN 厚膜的分离，分离后的 GaN 厚膜可作为外延用的衬底。这样获得的 GaN 厚膜优点非常明显，即以它为衬底外延的 GaN 薄膜的位错密度，比在蓝宝石、SiC 上外延的 GaN 薄膜的位错密度要明显低，但价格昂贵。总之，利用 GaN 厚膜作为半导体照明的衬底还受到很大的限制。

4. 利用 Si 作为外延 GaN 材料衬底的优缺点

在 Si 衬底上制备发光二极管是本领域中梦寐以求的一件事情，因为一旦技术获得突破，外延片生长成本和器件加工成本将大幅度下降。Si 片作为 GaN 材料的衬底有许多优点，如晶体质量高、尺寸大、成本低、易加工、导电性好、导热性好和热稳定，等等。然而，由于 GaN 外延层与 Si 衬底之间存在比较大的晶格失配和热失配，以及在 GaN 的生长过程中容易形成非晶氮化硅，所以在 Si 衬底上很难得到无龟裂及器件级品质的 GaN 材料。另外，由于 Si 衬底对光的吸收严重，导致 LED 出光效率低。

5. 利用 ZnO 作为外延 GaN 材料衬底的优缺点

ZnO 之所以能作为 GaN 外延片的候选衬底，是因为两者具有非常惊人的相似之处。比如晶体结构相同，晶格失配度非常小，禁带宽度接近（能带不连续值小，接触势垒小）。但是，ZnO 作为 GaN 外延衬底有一个致命的缺点，即 ZnO 在 GaN 外延生长的温度和气氛中容易被腐蚀和分解。目前，ZnO 半导体材料尚不能用来制造光电子器件或高温电子器件，主要是因为材料品质达不到器件水准以及 P 型掺杂问题没有真正解决，此外适合 ZnO 半导体材料生长的设备尚未研制成功。今后研发的重点是寻找合适的生长方法。

但是，ZnO 本身是一种有潜力的发光材料。ZnO 的禁带宽度为 3.37eV，属直接带隙，和 GaN、SiC、金刚石等宽禁带半导体材料相比，它在 380 nm 波段附近发展潜力最大，是高效紫光发光器件、低阈值紫外半导体激光器的候选材料。ZnO 材料的生长非常安全，可以采用没有任何毒性的水为氧源，用有机金属锌为锌源。

总之，LED 高发光效率目标的实现要寄希望于 GaN 衬底；低成本目标的实现，也要利用 GaN 衬底的高效、大面积、单灯大功率的特点，以及工艺技术的简化和成品率的大大提高。一旦在衬底等关键技术领域取得突破，其产业化进程将会取得长足发展。

（二）高空穴浓度的 P 型 GaN 获得比较困难

1. 高空穴浓度 P-GaN 难以获得的原因

对于 GaN 材料，存在 P 型掺杂难的问题，由于 n 空位和晶格的不完整性，通常非故意掺杂的 GaN 显示 N 型，其背景载流子浓度达到 $10^{18} \sim 10^{19} \mathrm{cm}^{-3}$，通过优化工艺，提高外延技术水平、生长缓冲层等可使背景载流子浓度降至 $10^{16} \sim 10^{17} \mathrm{cm}^{-3}$，要得到 P 型 GaN，必须补偿掉这种背景载流子。

通常对 GaN 进行 Mg 掺杂以获得 P 型 GaN。Mg 在 GaN 中的离化率不到 1%，载流子浓度通常只有 $10^{17} \mathrm{cm}^{-3}$，这是由于 Mg 在 GaN 中的激活能力较强，较难在 GaN 中实现有效掺杂，此外，Mg 容易与 H 结合，也会降低载流子浓度。一般采用高温退火来激活 Mg，可使掺杂的 Mg 实现 1% 激活。要实现重掺杂，对材料的生长温度要求较高，在 GaN 基 LED 外延片生长过程中，通常先生长多量子阱，然后在其上生长 P-GaN，如生长温度过高，则可能破坏多量子阱。在这样的情况下生长重掺杂 P-GaN，其晶格质量通常较差。此外，重掺杂后材料中杂质间距缩短，其强烈的相互作用可引起晶格畸变，另外一些杂质原子也可能进入晶格间隙，使晶格质量变差，因此要提高 P-GaN 载流子浓度，不能单靠提高其掺杂浓度的办法来实现。

2. P-GaN 掺杂困难带来的问题

掺杂困难首先使得 P-GaN 载流子迁移率很低，电阻率较高，因此当在 GaN 基 LED 中注入电流时，由于高的电阻率，电流很难均匀扩展，造成电流拥挤，使得 LED 局部过热，而其余区域因为没有足够的载流子注入，不会发光或发光很弱。因此，电流均匀扩展问题一直是研究 LED 的一个重要问题。此外，由于 P-GaN 载流子浓度较低，在制备 P 型欧姆接触电极时很难形成良好的欧姆接触，其接触电阻通常较 N-GaN 要高出 1～2 个数量级，注入的电流有很大一部分消耗在 P 型欧姆接触上，而这种消耗又属于电阻性的，消耗的能量只能转化为热量，对 LED 热特性有不利影响。

3. P-GaN 掺杂的研究进展

1989 年，Amano 等人通过 MOCVD Mg 的掺杂和低能量的电子辐照处理，首次获得了 P 型 GaN，并成功制作 pn 结发光二极管。但 P 型化程度不够，仅得到 $10^{16}\,cm^{-3}$ 的掺杂载流子浓度。

Nakamura 等人通过对 Mg 掺杂的 GaN 进行热退火处理，得到低电阻的 p-GaN，GaN 膜的导电性也比较均匀。同样是 Nakamura 等人在 P 型 GaN 的研究中发现了 Mg-H 结合物的补偿问题，他们将掺杂 Mg 的 GaN 在 N_2 氛围中 700℃ 退火，发现电阻率迅速下降，而在 NH_3 中高温退火时电阻率又急剧升高，他们分析其原因为 H 会与 Mg 结合，相当于钝化作用，使掺杂的 Mg 失去电活性，因此 P-GaN 的电阻率升高，而在高温退火时，剧烈的热运动会使得 Mg-H 键断裂，Mg 原子重新被激活，恢复电活性。因此，目前 P-GaN 主要通过在 Mg 中掺杂，然后在 700℃ 以上高温退火获得，其载流子浓度可达 $10^{17}\,cm^{-3}$ 数量级。

杨志坚、张国义等人通过对 P-GaN 进行低能 Mg 离子注入，800℃ 退火后在 100nm 表面得到了载流子浓度为 $8.28 \times 10^{17}\,cm^{-3}$ 的高掺杂薄层，而未经离子注入的 P-GaN 的空穴浓度只有 $2.5 \times 10^{17}\,cm^{-3}$。此外，在制备欧姆接触电极时，通过在电极材料中掺入某种杂质，可在接触界面 GaN 一侧形成高的载流子浓度区域，从而降低欧姆接触电阻率。

四、外延的发展趋势

为了更快地将 LED 应用于普通照明，LED 外延发展的趋势表现在两个方面：大尺寸化和高质量外延片。要实现这两个方面，需要改进相关外延设备、外延生长工艺和技术。

（一）从设备发展的角度分析 MOCVD 发展的趋势

（1）为了满足大规模生产的要求，需要研制大型化的 MOCVD 设备。

（2）向大尺寸化方向发展。大尺寸化包括两方面的含义，一是外延片的衬底尺寸从 2in 逐步向 4in 和 6in 的方向发展，二是晶粒的发光面积逐渐向大尺寸方向发展。采用大尺寸衬底主要是为了提高生产效率和芯片的利用率。据统计：6in 外延片切割 LED 晶粒的产能约是 4in 外延片的 2 倍，3in 外延片的 3 ~ 4 倍，2in 外延片的 8 ~ 9 倍；4in 外延片所切割的晶粒产能大约是 2in 外延片的 4 倍。但是，随着衬底尺寸的增大，外延生长的均一性也增加，相应价格也越贵。

（3）研制有自己特色的专用 MOCVD 设备，这些设备一般一次只能生产 1 片 2in 外延片，但其外延片质量很高，目前高档产品主要由这些设备生产。

（二）从提高外延片质量的角度阐述外延发展趋势

高质量外延片有望实现 LED 的高内量子效率、高性能。

1. 改进两步法生长工艺

目前商业化生产采用的是两步生长工艺，一次可装入衬底数有限，片数较多会影响外延片的均匀性，目前 6 片机比较成熟，20 片左右的机台还存在许多问题。发展趋势有两个方向：一个方向是开发可一次性在反应室中装入更多衬底外延片，更加适合于规模化生产要求的技术，以降低成本；另外一个方向是开发高度自动化的可重复性的单片设备。

2. 氢化物气相外延片（HVPE）技术

采用这种技术可以快速生长出低位错密度的厚膜，可以用做采用其他方法进行同质外延片生长的衬底，并且和衬底分离的 GaN 薄膜有可能成为体单晶 GaN 芯片的替代品。HVPE 的缺点是很难精确控制膜厚，反应气体对设备具有腐蚀性，影响 GaN 材料纯度的进一步提高。

3. 悬空外延片技术（Pendeo-epitaxy）

采用这种方法可以大大减少由于衬底和外延片层之间晶格失配和热失配引发的外延片层中大量的晶格缺陷，从而进一步提高 GaN 外延片层的晶体质量。首先在合适的衬底上（SiC 或 Si）采用两步工艺生长 GaN 外延片层，然后对外延片膜进行选区刻蚀，一直深入到衬底，这样就形成了 GaN/缓冲层/衬底的柱状结构和沟槽交替的形状，之后再进行 GaN 外延片层的生长，此时生长的 GaN 外延片层悬空于沟槽上方，是在原 GaN 外延片层侧壁的基础上横向外延生长的。采用这种方法，不需要掩膜，因此避免了 GaN 和掩膜材料之间的接触。

4. 研发波长短的紫外 LED 外延片材料

它为发展紫外三基色荧光粉白光 LED 奠定了扎实基础。可供紫外光激发的高效荧光粉很多，其发光效率比目前使用的 YAG：Ce 体系高许多，这样容易使白光 LED 上到新台阶。

5. 开发多量子阱型芯片技术

多量子阱型是在芯片发光层的生长过程中，掺杂不同的杂质以制造结构不同的量子阱，通过不同量子阱发出的多种光子复合直接发出白光。该方法可提高发光效率，降低成本，降低包装及电路控制的难度，但技术难度相对较大。

虽然 MOCVD 技术已经被广泛应用并部分实现产业化，但是仍存在一些制约因素。进口设备昂贵，Ga 源价格高使得用 MOCVD 法生长的外延片成本过高，且异质外延层的质量仍有待提高。因此，应大力发展大面积、高质量衬底的制备技术，不断完善缓冲层技术，改进和发展横向外延技术以控制外延材料中的缺陷密度，从而在大失配的衬底上生长高质量的外延层，不断开发大型化的 MOCVD 设备，不断发展我国自主研发的 MOCVD 设备并实现产业化，取代进口设备。

第七章 芯片制作

一、有关芯片的基础知识

(一) 什么是 LED 芯片

LED 芯片是一种固态的半导体器件，它可以直接把电转化为光。它是一种半导体的晶片，晶片的一端附在支架上，为负极，另一端连接电源的正极，使整个晶片被环氧树脂或硅胶封装起来。半导体晶片由两部分组成：一部分是 P 型半导体，在它里面空穴占主导地位；另一部分是 N 型半导体，在这边主要是电子。但这两种半导体连接起来的时候，它们之间就形成一个 pn 结。当电流通过导线作用于这个晶片的时候，电子就会被推向 P 区，在 P 区里电子跟空穴复合，然后就会以光子的形式发出能量，这就是 LED 发光的原理。而光的波长也就是光的颜色，是由形成 pn 结的材料带隙决定的。由于 pn 结形式的 LED 量子效率不高，通常采用多量子阱的形式，多量子阱通常称为芯片的有源区。目前，红光芯片技术已非常成熟，所以本章主要涉及的 LED 芯片内容都是围绕 GaN 基的蓝光芯片展开。

(二) LED 芯片的制作过程

LED 的芯片制作是一项非常复杂的系统工程，属于微电子工艺，其内容主要涉及载流子注入效率和出光效率等问题。LED 的外量子效率取决于外延片的内量子效率和芯片的出光效率，随着 MOCVD 外延生长技术的发展，GaN 基外延片的内量子效率在室温和低电流注入条件下可以达到 70% 以上，紫外 LED 的内量子效率接近 80%，而外量子效率一般在 30% 左右。所以，提高 GaN 基

LED 发光效率的关键是提高芯片的外量子效率，这在很大程度上取决于芯片的设计与制备技术。目前很多研究机构和企业界在提高 GaN 基 LED 的外量子效率方面做了大量的工作。因此，提高 LED 发光效率的关键是提高芯片的外量子效率。

GaN 基 LED 芯片的制作

主要是完成对 LED 阴极和阳极两个电极的制作，工艺流程包括清洗、蒸镀、光刻、化学蚀刻、合金、研磨与抛光；然后对 LED 毛片进行划片、测试和分选，从而得到所需的 LED 芯片。在制作过程中如果芯片清洗不够干净，蒸镀系统不正常，都会导致蒸镀出来的金属层（指蚀刻后的电极）会有脱落，金属层外观变色，产生金泡等异常。常规 GaN 基 LED 芯片的典型制作流程如图 7 - 1 所示。

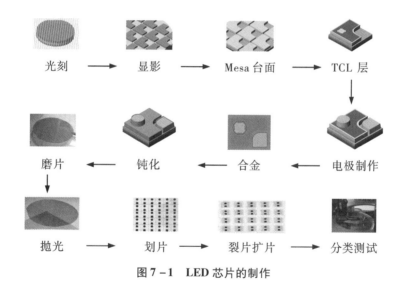

图 7 - 1 LED 芯片的制作

（三）LED 芯片的结构类型

GaN 基 LED 芯片按结构不同分为三种：正装结构、倒装结构和垂直结构。

1. 正装结构

正装结构如图 7 - 2 所示。LED 芯片产生的热量绝大部分通过热传导的方式传到芯片底部的热沉上，然后再以热对流的方式耗散掉。但是作为衬底的蓝宝石导热性差，此外，由于 P-GaN 层载流子浓度低，为提高空穴的注入，要在其上面镀半透明或透明的电流扩展层。因此，正装结构的芯片散热效率和出光效率都比较差。

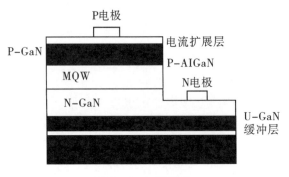

图 7-2　正装结构

2. 倒装结构

为了提高功率型 LED 的散热能力和出光效率，研究人员提出了倒装（Flip-chip）结构，如图 7-3 所示。考虑到芯片封装后正装和倒装两种情况下：正装结构可以近似看作为光线是从 GaN 中进入封装材料的；而倒装结构光线是从蓝宝石进入封装材料的。考虑到这些材料的折射率：GaN 为 2.3，蓝宝石衬底为 1.75，作为封装材料的环氧树脂为 1.56。相比之下，蓝宝石和环氧树脂的折射率差距较小，因而两者材料的界面处发生全反射的临界角较大，光的提取效率高。在其他条件相同的情况下，倒装结构的出光效率大约是正装结构的 2 倍以上。在散热方面，正装结构封装时上面通常涂一层环氧树脂。环氧树脂和蓝宝石衬底都是导热能力差的不良导体，因此前后两个面都造成了散热的困难，影响了器件的性能和可靠性。采用倒装结构，将芯片通过凸点和硅衬底连接，以硅作为芯片和散热片的过渡导热体，从而提高了 LED 芯片的散热能力和可靠性。

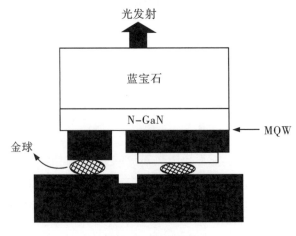

图 7-3　倒装结构

3. 垂直结构

正装结构和倒装结构都是通过牺牲部分发光区，用 ICP 刻蚀暴露出沉积 N 电极的空间，因此，外延片利用率低。这都是由于蓝宝石衬底不导电引起的。人们用紫外激光成功地从外延片上剥离出蓝宝石衬底。由于 248nm 的光对蓝宝石来说是透明的，因而激光会透射过蓝宝石衬底，并被蓝宝石和外延层界面处的 GaN 吸收。GaN 的局部温度达到 900℃以上，从而会发生热分解。蓝宝石衬底的成功剥离使制作上下电极垂直结构的芯片成为可能。垂直芯片的结构如图7-4 所示。由于 N 电极和 P 电极分别在上下两个面上，同正装结构和倒装结构相比，垂直结构的芯片制作工艺更加简单。在垂直结构中，N 电极或者 P 电极和芯片的外延层完全接触，使芯片具有的电流注入效率更高、导热性更好。垂直 LED 芯片制程的两个关键技术是芯片键合技术和激光剥离技术。键合可用合金焊料如 AuSn、PbSn、PbIn 等来完成。

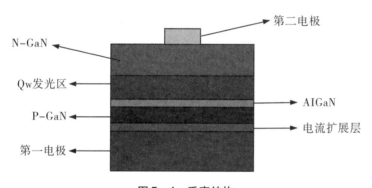

图 7-4 垂直结构

目前，以蓝宝石为衬底的正装结构 LED 仍是主流产品，虽然各科研单位和生产厂家都意识到了倒装结构芯片在光强、功率方面较正装芯片有非常明显的优势，但是，倒装芯片由于必须采用键合技术，在大规模生产中成品率并不高，而且受键合设备产能和工艺的限制，产能尚不能与普通正装芯片相比，因此倒装 LED 芯片的生产成本较高。不过，由于芯片结构本身有巨大的开发潜力，随着键合技术的深入研究与发展，成品率和产能问题将会得到改善，倒装芯片将会成为大功率 LED 芯片市场的主流。自 2003 年起，台湾 LED 业界逐渐兴起了改为金属衬底且使用垂直结构的技术浪潮，并且得到愈来愈多厂商的认同，2004 年龙头大厂日亚（Nichia）发表采用 CuW 为衬底接合的新制程。目前研发、制造和销售都设于台湾的美商旭明光电（SemiLEDs），已经开发出以铜合金为基板的垂直结构蓝光 LED，并在 2005 年底导入量产。

二、LED 芯片的技术现状分析

近年来，为了提高发光效率，人们在 LED 的内量子效率的提高和取光效率方面做了大量的研究工作。采用图形衬底和非极性面/半极性面生长技术等方法来改善外延片质量及优化活性层量子阱结构，显著地提高 LED 外延片的质量，从而使 GaN 基外延片的内量子效率达到 70% 以上，而外量子效率一般在30% 左右，因此，提高芯片的外量子效率是提高发光效率的关键。这在很大程度上要求设计新的芯片结构来改善芯片出光效率，进而达到提升发光效率的目的。

（一）欧姆接触技术

由于金属—半导体接触电阻是由 Schottky 势垒（φb）和半导体载流子浓度决定的，凡是能够降低势垒 φb 或增大载流子浓度的方法都将有助于降低接触电阻。对于 N-GaN 半导体材料，选择功函数较低的一种或多种金属电极一般容易形成欧姆接触，如 Ti/Al 与 N-GaN 之间可形成良好的欧姆接触，接触电阻可达 $10^{-8}\Omega \cdot cm^2$。但是，对于 P-GaN 来说，实现与金属间的欧姆接触就比较困难，主要是因为 GaN 的功函数很高（0～7.5eV），很难找到与 P-GaN 相匹配的高功函数的金属材料，此外，P-GaN 材料中的受主杂质 Mg 容易与 H 形成结合物 Mg-H（即氢钝化作用），所以，目前生长 GaN 的制备方法很难使 P-GaN 的空穴浓度达到 10^{18} cm^{-3}。所以，目前 GaN 材料的欧姆接触问题主要是解决 P-GaN 材料的欧姆接触。一般采用高功函数的金属材料，如 Ni、Au、Pt、Ni/Au、Ni/Pt、NiZn、Pt/Ni/Au 等，其中研究最多的是 Ni/Au 基合金体系，相关接触电阻在 $10^{-4}\Omega \cdot cm^2$ 数量级。由于 GaN 基 LED 所发出的光是从 P-GaN 侧出来，所以 Ni/Au 金属不能做得很厚。为了提高芯片的出光率，现在一般采用 ITO 做 P-GaN 的欧姆接触层和电流扩展层，这样可以使 Ni/Au 体系的透过率从 50% 提高到 80% 以上，但是，ITO 一般难以与 P-GaN 实现欧姆接触。

（二）表面粗化技术

对于 GaN 基 LED 而言，其内部有源层发射的光在 GaN 材料与外界环境的分界面上会发生全反射现象，GaN 材料的折射率约为 2.5，假设外界环境为空气，即 n_{air} 为 1。根据菲涅尔定律计算得到 LED 内部光子在 GaN 材料与外界环境界面的全反射临界角约为 23.6°。针对 GaN 基 LED 的矩形结构，并运用几何光学的方法分析可知，若将交接界面转换成弧状或者球状等不规则粗化结构，光线在不断反射的同时，界面处的入射角也在不断变化，这将导致原先入射角大于全反射临界角的光线可能由于入射角变化至小于全反射临界角而耦合出器件（如图 7 - 5 所示），这就是表面粗化技术。

1. 表面粗化的方法

表面粗化方法最早是由日亚化学公司提出，其粗化方法基本上是在芯片的几何形状上形成规则的凹凸形状，而这种规则分布的结构也依所在位置的不同分为两种形式，一种是在芯片内设置凹凸形状，另一种方式是在芯片上方制作规则的凹凸形状，并在组件背面设置反射层。

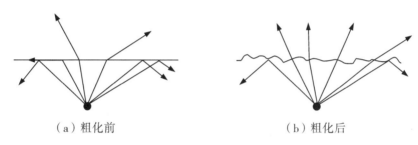

（a）粗化前　　　　　　　　　　　（b）粗化后

图 7 - 5　粗化前后光路径

2. ITO 在表面粗化技术中的应用

在 LED 芯片结构中，具有高透过率和低电阻优点的 ITO 材料已经被广泛用于制作电流扩展层和窗口层，然而 ITO 和外界空气的折射率有较大差异，大约分别为 2.0 和 1.0，存在全反射问题。在商业化的 LED 中，透明的 ITO 薄膜正逐步取代半透明的金属薄膜 Ni/Au。以 ITO 作为欧姆接触的 LED 与半透明的 Ni/Au 作为欧姆接触的 LED 相比亮度大约提高了 50%。但在 ITO 与空气的界面上，由于两种介质的折射率相差较大，仍然使大量的光不能耦合出来。ITO 的折射率为 2.0，光由 ITO 到空气的最大反射角为 28°。只有大约不到 20% 的光能从 ITO 介质进入空气，这大大降低了 LED 器件的外量子效率。因此，让发光层发出的光更多地耦合出器件外是提高外量子效率的关键，对 ITO 表面的粗化能显著改善芯片的出光率，如图 7 - 6 所示。ITO 表面粗面有两种形式：湿法刻蚀和干法刻蚀。通过在 ITO 表面形成有规律的掩膜图形，然后用盐酸腐蚀或用 ICP 干法刻蚀 ITO，控制腐蚀或刻蚀时间就可以获得所需的粗糙程度。

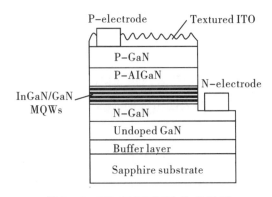

图 7 - 6　ITO 层表面粗化的 GaN 基

（三）侧壁出光技术

对于传统正装的 LED 芯片，可以使用湿法刻蚀的方法将芯片刻蚀出 23°侧壁倾斜角用于提高光取出效率，此方法目前已形成规模量产。由 LED 有源层所发出的光，皆为全向性，有部分的光因为折射或反射的关系，沿着水平方向发射出去，这部分光线只是增加光的发散而对元件的发光效率并没有多大帮助，应让光线更多地从正面发射出来。在 LED 芯片中，根据斯涅尔定律，算出其折射临界角约为 23°，故可以采用 H_3PO_4 和 H_2SO_4 混合溶液并利用湿法刻蚀的方式在一定温度下，使 GaN 材料与垂直侧边形成一个约 23°的侧壁倾角，如此一来，便可增加光的侧壁全反射概率，改变光线的传输方向，使光从正面射出，其结果如图 7 -7 所示。这样便可使器件的发光亮度更为集中，从而使亮度获得提升。

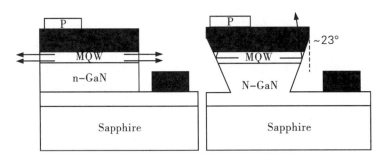

图 7 - 7　侧壁倾角技术提高 LED 出光效率

（四）倒装焊技术

通常，蓝宝石衬底的蓝光芯片电极在芯片出光面上的同一侧如图 7 - 2 所示。由于 P-GaN 掺杂困难，当前普遍采用 P-GaN 上制备金属透明电极的方法，从而使电流扩散，以达到均匀发光的目的。但是金属透明电极要吸收 30% ~ 40% 的光，因此电流扩散层的厚度应减少到几百 nm。厚度减薄反过来又限制了电流扩散层在 P-GaN 层表面实现均匀和可靠的电流扩散。因此，这种 P 型接触结构制约了 LED 芯片的工作电流。同时，这种结构的 pn 结热量通过蓝宝石衬底导出，由于蓝宝石的导热系数为 35W/（m·K）（比金属层要差），因此导热路径比较长。这种 LED 芯片的热阻较大，而且这种结构的电极和引线也会挡住部分光线出光。总之，传统正装结构的 LED 芯片对整个器件的出光率和散热而言都不是最优选择，为了克服正装结构的不足，美国 Lumileds Lighting 公司开发出了 Flip-chip（倒装芯片）技术，如图 7-3 所示。

制备倒装芯片

倒装芯片制备首先制作出适合共晶焊接的大尺寸 LED 芯片，同时制作相应尺寸的硅底板，并在其上制作共晶焊接电极的金导电层和引出导电层（超声波金丝球焊点），然后，利用共晶焊接设备将大尺寸 LED 芯片与硅底板焊在一起。目前，市场上大多数倒装芯片是厂家已经倒装焊接好的，并制作了防静电保护二极管。倒装技术通常用于功率型芯片制备，对大尺寸 W 级芯片有优势。此外，倒装芯片对封装也提出了更高的要求，如金线的选择、如何将倒装芯片附着在热沉上和如何聚光，等等。

（五）激光剥离技术

正装芯片和倒装芯片都通过牺牲部分发光区，用 ICP 刻蚀暴露出沉积 N 电极的空间，因此，外延片利用率低。这都是由蓝宝石衬底不导电引起的，因此，人们用紫外激光成功地从外延片上剥离出蓝宝石衬底，成功地制作出上下电极垂直结构的芯片，即垂直芯片，如图 7-4 所示。垂直芯片的关键技术是激光剥离，激光剥离产业化良率一般在 60% 左右，这种芯片技术一般应用在高档次 LED 产品中。

准分子激光器是分离蓝宝石与氮化镓薄膜的有效工具，GaN 基外延片激光剥离技术大大减少了芯片加工时间，降低生产成本，使制造商得以在蓝宝石晶圆上生长薄型化氮化镓芯片（Thin GaN），并使薄膜器件与热沉进行电互联以利于散热，同时，还有利于氮化镓 LED 集成到任何基板上。

1. 激光剥离技术的原理

激光剥离技术的基本原理是利用外延层材料与蓝宝石材料对于紫外激光具

有不同的吸收效率。蓝宝石具有较高的带隙能量（9.9eV），所以蓝宝石对于248nm的氟化氪（KrF）准分子激光（5eV 辐射能量）是透明的，而氮化镓（约3.3eV 的带隙能量）则会强烈吸收248nm激光的能量。如图 7 - 8 所示，激光穿过蓝宝石到达氮化镓缓冲层，在氮化镓与蓝宝石的接触面进行激光剥离。这将产生一个局部的爆炸冲击波，使得在该处的氮化镓与蓝宝石分离。激光剥离 GaN 外延片一般分为高导热附着层（Si、Cu）处理、衬底键合、激光辐照、蓝宝石衬底剥离等步骤，具体工艺如图 7 - 9 所示。

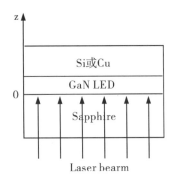

图 7 - 8　248nm 激光剥离示意图

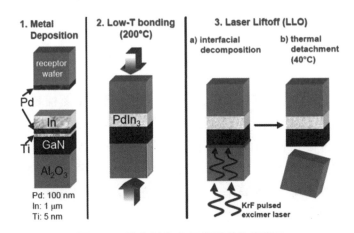

图 7 - 9　激光剥离 GaN 外延片的示意图

2. 激光剥离制作垂直芯片的过程

该过程为：外延片清洗→P 电极及键合层制备→新衬底键合层制备→衬底键合→激光辐照→蓝宝石衬底的剥离→盐酸处理去除 Ga 及其氧化物→N 电极沉积及合金→光刻 N、P 电极图形→划片与裂片→测试与分选。与同侧芯片的制备过程相比，不需要 ICP 设备。

1999 年，Kelly 等人第一次提出 GaN 外延片的激光剥离技术，Wong 等人第一次综合利用激光剥离技术和键合方法制备出了 Si 基的垂直结构的 LED 器件。由于这种垂直结构芯片在大电流注入、出光、散热等方面具有明显的优势，因此受到世界各国研究机构和公司的关注。但是，激光剥离技术会给芯片的界面带来损伤，同时激光剥离 LED 器件会出现反向漏电流增加的现象。

（六）光子晶体技术

光子晶体实际上就是一种将不同介电常数的介质在空间中按一定周期排列而形成的人造晶体，该排列周期为光波长量级。在光子晶体中，由于介电常数在空间的周期性变化，也存在类似于半导体晶体那样的周期性势场。当介电常数的变化幅度较大且变化周期与光的波长可相比拟时，介质的布拉格散射也会产生带隙，即光子带隙。频率落在禁带中的光是被严禁传播的。传统的发光二极管受限于全反射及横向导波的现象，发出的光无法有效传递出组件，而有一大部分是浪费掉的。若将光子晶体结构整合进入组件的构造中，LED 芯片的出光率便可以通过光子晶体来控制。

（七）AC-LED 芯片技术

LED 光源是一种低电压、大电流工作的半导体器件，必须提供合适的直流电流才能正常发光。由于日常照明使用的电源是高压交流电（AC100～220V），所以必须使用降压的技术来获得较低的电压，常用的是利用变压器或开关电源降压，然后将交流电（AC）变换成直流电（DC），再变换成直流恒流源才能使 LED 光源发光。因此直流驱动 LED 光源的系统应用方案是：变压器 + 整流（或开关电源）+ 恒流源。因此，LED 灯具里必然要有一定的空间来安置这个模块，但是 E27 标准螺口的灯具空间十分有限，很难安置。无论是经由变压器 + 整流或是开关电源降压，系统都会有一定量的损耗，DC-LED 在交流、直流电之间转换时 15%～30% 的电力会被损耗，系统效率很难达到 90% 以上。如果能用交流电（AC）直接驱动 LED 光源发光，系统应用方案将大大简化，系统效率将很轻松地达到 90% 以上。基于以上因素，人们提出 AC LED 芯片技术，即直接以市照明供电系统来驱动 LED，不需要经过 AC/DC 的转换器。

1. AC-LED 的种类

AC-LED 主要有两种：第一种是以封装的形式，将各个独立完整的 DC-

LED，依次串、并联而成。此种 AC-LED 的体积大、成本高，且伴随有大量的固晶打线制程，因此，工艺较复杂，良率较低。第二种是采用半导体制程整合成一堆超微小晶粒，采用交错的矩阵式排列工艺，并加入桥式电路至芯片设计，使 AC 电流可以双向导通，达到发光的目的。

2. AC-LED 芯片的工作原理

图 7-10 表示的是一种典型 AC-LED 芯片的工作原理，将一堆 LED 超微小晶粒采用交错的矩阵式排列工艺均分为五串，AC-LED 晶粒串组成类似一个整流桥，整流桥的两端分别连接交流电源，另两端连接一串 LED 晶粒，交流电的正半周沿蓝色通路流动，3 串 LED 晶粒发光，负半周沿绿色通路流动，又有 3 串 LED 晶粒发光，四个桥臂上的 LED 晶粒轮流发光，相对桥臂上的 LED 晶粒同时发光，中间一串 LED 晶粒因共用而一直在发光。LED 有一半时间在工作，有一半时间在休息，因而发热得以减少 20% ~40%。因此，AC-LED 的使用寿命较DC-LED长。

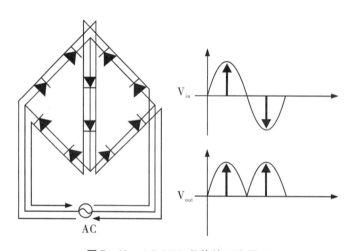

图 7-10　AC-LED 芯片的工作原理

AC-LED 在照明应用上具有很大的方便性，不需要像 DC-LED 那样需要外接一个交直流电的转换器，既节省了转换器的成本，也避免 LED 光源本身还没坏，但转换器却先坏掉的窘境。交直流电转换器可说是一种会随着时间老化、坏掉的电子元器件，其寿命比 LED 光源本身更短，故目前很多 LED 灯具坏掉，并不是因为 LED 光源寿命已尽，而是 LED 灯具使用的交直流转换器先坏掉了。AC-LED 还有一个特性，就是因为其工艺采用交错的矩阵式排列，是轮流点亮的，所以使得 AC-LED 的使用寿命较 DC-LED 长。不过，AC-LED 现阶段有两个缺点，其一是发光效率并没有 DC-LED 高，其二是 AC-LED 有触电的风险。故 AC-LED 如果要应用在 LED 照明灯具上，应对热电分离提出更高的要求。AC-LED 芯片技术刚刚起步，目前在发光亮度、功率等方面还不够理想，但AC-LED 的应用简便、无须变压转换器和恒流源，以及低成本、高效率等优点已显现出强大的生命力。

三、关键技术难点、待解决的挑战性难题

目前，LED 还未大规模进入普通照明领域，主要原因之一是由于 LED 的价格太高，即性价比太低。通过外延材料制备技术的提高和器件物理结构设计的优化，蓝、绿光 LED 技术在过去 20 年里取得了令人瞩目的发展。同时，归功于性能的不断提升以及成本的快速下降，应用领域和规模也得到了极大的发展。但是，展望未来更富有挑战性的通用照明新领域，LED 技术更进一步的突破是必需的，主要表现在以下三个方面。

（一）降低器件的制造成本

LED 器件的制造成本相对于硅基器件而言还是很高的，这主要是由于该产业的规模以及技术发展程度还远不及硅基半导体工业。但是，参考成熟半导体行业的发展历程，可以预知 LED 器件的制造成本将在未来 10 年持续下降。主要的成本节约贡献将重点依靠三个部分：①核心设备制造技术的进步将成倍提高生产效率，从而显著降低折旧成本，最为典型的就是 GaN 外延的 MOCVD 设备；②加工圆片的尺寸成倍提升，从目前主流的 2in 圆片发展到 4in，将大大降低芯片工艺的加工成本和提高外延片的利用率；③产业规模的级数扩大将显著降低消耗原物料的成本和综合管理成本。综合这些因素，可以预知未来 10 年LED 芯片的成本将会持续降低，这将进一步刺激 LED 新兴应用领域的发展。

（二）提高器件的电光转换效率

LED 器件电光转换效率的提升也将显著降低最终客户的使用成本，这里的成本节约体现在两方面：一方面是单位流明亮度的芯片成本将随着芯片发光效率的提升而下降；另一方面是电能的节约，比如从能效 25% 的芯片技术发展到50% 的技术，将实现节能一半的效果。而且更有意义的是，节能的效益不仅体现在经济上，还体现在社会效益上。因此，在转换效率提升的研究上，将继续获得大量商业和政府的研发资源。电光转换效率的提升将沿着前述的两个方向

持续推进：①内量子效率的提升；②取光效率的提升。内量子效率的提升主要依靠 MOCVD 外延材料制备技术的进步，通过改善发光层量子阱（MQW）的晶体质量，提高器件的载流子注入效率和复合效率，这方面的提升空间目前已经变得较为有限。相反，取光效率的提升还有很大的开发空间，这方面的主要工作将在于：①进一步优化界面粗糙化的工艺，从而提高光从发光层逸出的效率；②改善芯片切割工艺，减少透明蓝宝石衬底侧面亮度吸收损失。

（三）提高器件的输入功率

在可以保持器件电光转换效率不变的前提下，通过提高单位面积芯片的输入功率，也可以达到降低使用成本的效果。这个努力方向依赖两方面的技术进步：一方面，需要尽可能降低芯片以及封装结构的热阻，这样可以在一定的器件工作温度上限内提高输入功率水平；另一方面，需要改善器件 MQW 结构设计，使其可以在更高注入载流子密度的条件下保持一定的电光转换效率。在器件热阻控制的研究方向，目前 LED 产品领域还有许多空间可供开发，特别是在低热阻的焊接固晶技术、高导热系数的焊接材料以及芯片支架材料方面，都是值得认真研究的。

四、未来发展趋势

为了更快地将 LED 推向普通照明，LED 芯片发展的趋势表现在两个方面：大注入电流和大尺寸化，这需要相关外延和芯片技术的改进。

1. 大注入电流芯片

大注入电流芯片就是在保证一定的发光效率（lm/W）的前提下，提高芯片的注入电流，使得一个芯片相当于几个芯片。当大电流驱动的 LED 芯片应用于照明时，将可以减小每个灯具使用的 LED 数量，降低灯具的整体价格，这样，LED 灯将会尽快进入普通照明市场并且占有市场的份额。但是，单个芯片内注入较大的电流，会引起发光效率的下降（Efficiency droop）。目前，关于发光效率下降的理论解释有：Auger 效应和漏电效应。Auger 效应最早由美国 Lumileds 公司提出，认为：量子效率在大电流下的降低是由于 Auger 效应。基于这一理论，Lumileds 公司设计了他们的外延层结构，目前得到的结果是：可以向 $1 \times 1 mm^2$ 的芯片注入 2A 的脉冲电流。另外，弗吉尼亚大学研究人员认为：量子效率在大电流下的降低最终是由于漏电造成的。基于这一理论，弗吉尼亚大学设计他们的外延层结构，采用掺杂了 5×10^{17} cm^{-3} 密度的 Mg 的 In$_{0.01}$Ga$_{0.99}$N 阻挡层（Barrier）代替无掺杂的 GaN 阻挡层，其 420nm 的 LED 在 900A/cm^2 的电流密度下（相当于采用 9A 驱动 1×1mm^2 的芯片），得到最大的外量子效率。至今，对于哪种理论是正确的，业界还没有达成共识。适合采用大电流注入的，芯片结构一般是垂直结构，但是，同样存在散热和电流拥塞等问题。

2. 大尺寸化芯片

大尺寸化包括两方面的含义，一是外延片的衬底尺寸从 2in 逐步向 4in 和 6in 方向发展，二是晶粒的发光面积逐渐向大尺寸方向发展。采用大尺寸衬底主要是提高生产效率和芯片的利用率。据统计：6in 外延片切割 LED 晶粒的产能约是 4in 外延片的 2 倍，相当于 3in 外延片的 3~4 倍，更是 2in 外延片的 8~9 倍；而 4in 外延片所切割晶粒的产能则大约是 2in 外延片的 4 倍。但是，随着衬底尺寸的增大，外延生长的均一性也增加，相应价格也越贵。

第八章 LED 封装

一、封装基础知识

（一）LED 封装的概念及功能

LED 封装（Package），通俗地讲就是给发光二极管芯片"穿衣服"，其实质是指利用固晶机、焊线机、灌胶机、烘烤箱以及分光机等设备将芯片固定于支架上，引出正负极，然后灌封胶水，以期将芯片、支架、金线、胶水等原材料组装成固态元件的过程。LED 封装技术大都是在分立器件封装技术基础上发展与演变而来的，但却有很大的特殊性。一般情况下，分立器件的管芯被密封在封装体内，封的作用主要是保护管芯和完成电气互联。而 LED 封装则是完成输出电信号，保护管芯正常工作，使其不受到机械、热、潮湿及其他的外部冲击，输出可见光的功能，既有电参数，又有光参数的设计及技术要求。封装环节做不好，LED 器件难以散热、光损失严重、光通量及光效率低、光色不均匀、使用寿命短，因此，封装工艺已成为制约 LED 器件使用及评判性能好坏的关键因素。

封装对于 LED 芯片来说是必需的，也是至关重要的，因为封装不仅起着保护芯片和增强导热性能的作用，而且还是沟通芯片与外部电路的桥梁（具体结构如图 8 - 1 所示）。封装的主要作用有：

①机械保护，以提高可靠性；

②加强散热，以降低芯片结温，提高 LED 性能；

③光学控制，提高出光效率，优化光束分布；

④供电管理，包括交流/直流转变，以及电源控制，等等。

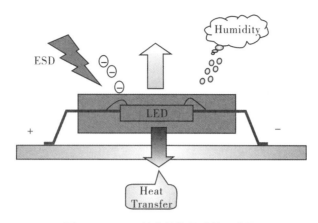

图 8 - 1　LED 封装结构及功能示意图

（二）LED 封装的工艺及封装形式的发展历程

　　LED 封装的任务是将外引线连接到 LED 芯片的电极上，同时保护好 LED 芯片，并且起到提高出光效率的作用。关键工序有装架、压焊、封装。应根据不同的应用场合采用相应的外形尺寸、散热对策和出光效果。LED 封装的一般工艺流程如下：

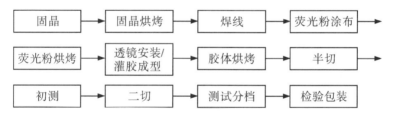

　　随着芯片性能、发光颜色、外形尺寸和安装方式的不断更新进步，以及应用需求的不断增加，LED 的封装技术也在不断推陈出新。图 8 - 2 表示的是 LED 封装形式的演变和技术进步的过程。

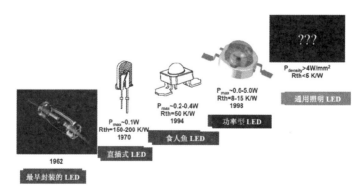

图 8 - 2　LED 封装形式进程

经过近 50 年的发展，LED 封装经过了直插式 LED（Lamp LED）、普通贴片式（表面贴装）（SMD LED）、普通功率型 LED（Power LED）、大功率型 LED（High Power LED）等发展历程。

1. 直插式 LED（Lamp LED）

直插式封装，又称引脚式封装，采用引线架作各种封装外形的引脚，是最先研发成功并投放市场的封装结构，品种数量繁多，技术成熟度最高，一般的 LED 都采用引脚式封装形式，如图 8 - 3（a）所示。由于这种结构存在限制，热阻很大，电流也不可能加得太高，一般都用作指示灯或装饰灯。

（a）引脚式LED封装结构

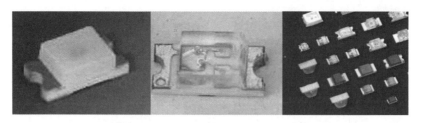

（b）SMD LED封装结构

食人鱼　　　　　　　　　　　Snap LED　　　Power top LED
（c）普通功率LED封装结构

Lumileds公司LUXEON LED

OSRAM公司Golden Dragon

CREE XR-E   CREE MC-E   Edixeon ARC   Edison Edistar

（d）大功率型LED封装结构

图 8 - 3　各类 LED 结构

2. 普通贴片式（SMD LED）

普通贴片式 SMD LED 作为低功率器件被主要用于仪器仪表、指示设备和手机键盘的照明。这类 LED 器件使用的芯片一般与支架式 LED 中的芯片类似，为 0.25mm × 0.25mm 左右。SMD LED 封装结构示例如图 8 - 3（b）所示。

3. 普通功率型 LED（Power LED）

普通功率型 LED 的应用领域主要是汽车照明和装饰照明领域。这种器件既兼备小型化的要求，又具有比普通贴片式 LED 散热性能更好的特点。最早于 20 世纪 90 年代初推出"食人鱼"封装结构，并于 1994 年推出改进型"Snap LED"，接着 OSRAM 公司推出"Power top LED"，如图 8 - 3（c）所示。之后一些公司推出多种 LED 功率的封装结构。这些结构的功率 LED 比原支架式封装的 LED 输入功率提高几倍，热阻降为支架式的几分之一。

4. 大功率型 LED（High Power LED）

大功率型 LED 是未来照明的核心部分。大功率型 LED 又分为单芯片和多芯片型，如图 8 - 3（d）中的各种类型。单芯片 LED 封装最早见于由 Lumileds 公司 1998 年推出的 LUXEON LED，将功率型倒装管芯倒装焊接在具有焊料凸点的硅载体上，再装入热沉与管壳中，键合引线进行封装，这种封装对于取光效率，散热性能，加大工作电流密度的设计来说都是最佳的。OSRAM 公司于 2003 年也推出单芯片 LED 封装，其输入功率可达 1W。CREE 近年所推出的

Xlamp 系列在照明级 LED 领域颇获好评。目前，High Power Xlamp 系列包含 XR-E、XR-C，XP-E、XP-C，以及 MC-E 几种规格。MC-E 则是采用 4 颗高功率的多晶封装。艾笛森其 Edistar 系列高功率 LED，于陶瓷基板上采用高功率多晶封装的形式，规格分别为 50W/100W，光通量可以达到 4000～7000lm。目前国内厂家积极涉足大功率型 LED 封装技术的研发和生产。

由于白光 LED 在照明领域的潜在应用，白光 LED 封装技术受到广泛关注。目前，白光 LED 封装技术主要有三种：三基色 LED 混色、紫外芯片加红绿蓝荧光粉和蓝光芯片加黄色荧光粉，等等。

（三）白光 LED 的实现形式

1. 三基色 LED 混色

直接将发射红、绿、蓝波长的三基色芯片组合封装在一起，形成多芯片型白光 LED，通过空间混色的原理，利用红、绿、蓝三种颜色的 LED 发出的光作为基础，按照适当的比例进行匹配，使得三种颜色的光混合成白光，如图 8－4 (a) 所示。这种方法具有效率高和使用灵活的特点。由于发光全部来自 LED，不需要进行光谱转换，因此，能量损失最小，效率最高。但是这种方法也有自身的弱点，它的安装结构比较复杂，各色 LED 的驱动电压、发光效率、配光特性不同，温度特性也存在差异，且不同颜色的 LED 管随时间的推移其老化特性不同，导致光衰出现差异，因此，预先调整好的白色发光由于光衰差异会造成使用过程中出现变色。由于发光全部来自发光二极管，相对成本也比较高。

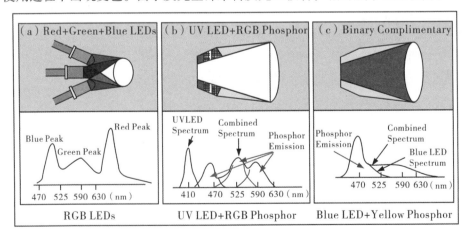

图 8－4 白光 LED 封装形式

2. 紫外芯片加红绿蓝荧光粉

以 GaN 基紫光 LED 为基础光源，用 LED 发出的紫外光激发荧光材料，通过荧光粉实现波长的转换发出可见光。这种方法最后用于照明的光全部来自荧光材料，要求荧光材料的激发光谱与紫光 LED 的发射光谱相匹配，这样可以获得较高的光转换效率。采用越多颜色的荧光材料进行混合，获得的白光的显色性就越好，但是同时也增加了系统的复杂性。通常采用红、绿、蓝三种颜色的荧光材料进行混合，如图 8-4（b）所示，这种方法制备的白光 LED 具有成本低的优势，但它也存在明显的不足，如流明效率低，由于这里采用的都是下转换，因此，必然会导致一些能量的损失。同时，由于采用紫外光源作为激发光源，有可能产生紫外污染。

3. 蓝光芯片加黄色荧光粉

利用波长为 460～470nm 的 GaN 基蓝光芯片发出的光作为基础光源，蓝光 LED 所发出的蓝光一部分用来激发荧光粉，使荧光粉发出黄色光，一部分蓝光透过荧光粉发射出来，荧光粉发出的黄色光与蓝光 LED 发出的光的透射部分混合形成白光，如图 8-4（c）所示。这种方法存在两个关键部分，一个是用蓝光 LED，一个是用荧光材料。GaN 基蓝光 LED 的选择不仅要考虑 LED 本身的特性以外，还应兼顾荧光材料的选择。荧光材料的选择主要有两个必须满足的条件，一个是荧光材料的激发光谱必须与所选择的蓝光 LED 的发射光谱相匹配，另一个是荧光材料的发射光谱与蓝光 LED 的发射光谱能够匹配实现白光。基于上述技术要求，人们选用了 YAG: Ce^{3+}（$Y_3Al_5O_{12}$: Ce^{3+}）作为黄光转换材料。由于这种方法采用单颗芯片与单种荧光粉的结构，主要采用的 YAG: Ce^{3+} 荧光粉光转换效率较高，操作上较易实现，且没有紫外成分，不会造成紫外辐射污染，是目前封装白光 LED 的主流方向。

二、封装技术现状分析

目前制约 LED 封装产业发展的原因，从技术上来说主要包括两个方面：一是关键的封装材料，如固晶材料、硅胶、环氧树脂、荧光粉等性能有待提高；二是大功率 LED 封装的结构与散热问题。

（一）LED 封装材料现状分析

LED 由芯片、金属线、支架导电胶、封装材料等组成，其中的封装材料主要起到密封和保护芯片正常工作，避免其受到周围环境中湿度与温度的影响；固定和支持导线，防止电子组件受到机械振动、冲击产生破损而造成组件参数的变化；降低 LED 芯片与空气之间折射率的差距以增加光输出及有效地将内部产生的热排出等作用。因此，对封装材料来说，其要具有优良的密封性、透光性、黏结性、介电性能和机械性能。

目前所使用的封装材料包括环氧树脂、聚碳酸酯、聚甲基丙烯酸甲酯、玻璃、有机硅等高透明性材料，其中聚碳酸酯、聚甲基丙烯酸甲酯和玻璃用作外层透镜材料，环氧和有机硅既可作为主要封装材料亦可作透镜材料。环氧树脂因为其具有优良的黏结性、电绝缘性、密封性和介电性能，且成本比较低、配方灵活多变、易成型、生产效率高等优点成为 LED 封装的主流材料。但是，随着 LED 的亮度和功率的不断提高以及白光 LED 的发展，人们对 LED 的封装材料亦提出更高的要求，比如要有更高的折射率、高透光率、高导热性、耐紫外光和热老化能力以及低的热膨胀系数、离子含量和应力等。而环氧自身存在的吸湿性、易老化、耐热性差、高温和短波光照下易变色、固化的内应力大等缺陷暴露了出来，大大影响和缩短 LED 器件的使用寿命。与环氧树脂相比，有机硅材料则具有良好的透明性、耐高低温性、耐候性、绝缘性以及强的疏水性等，使其成为 LED 封装材料的理想选择，同时也受到国内外研究者的关注。

1. 环氧树脂封装材料的研究现状

（1）环氧树脂的结构及特点。

环氧树脂是泛指分子中含有两个或两个以上环氧基团的有机高分子化合物。由于其分子结构中含有活泼的环氧基团，能与胺、酸酐、咪唑、酚醛树脂等发生交联反应，形成不熔的具有三向网状结构的高聚物。这种聚合物结构中含有大量的羟基、醚键、氨基等极性基团，从而赋予材料许多优异的性能，比如优良的黏着性、机械性、绝缘性、耐腐蚀性和低收缩性，且成本比较低、配方灵活多变、易成型、生产效率高等。环氧树脂种类很多，应用于 LED 封装的环氧树脂必须具备高透光率、高折射率、良好的耐热性、抗湿性、绝缘性、高机械强度和化学稳定性等特点。

（2）环氧树脂主剂和固化剂的选择。

LED 封装用透明环氧树脂一般由主剂和固化剂两部分组成，使用前主剂与固化剂混合均匀，在高温下固化即可得到固体透明环氧。环氧主剂一般由环氧预聚体、稀释剂、着色剂等组成；固化剂一般由酸酐和固化促进剂组成。虽然固化物的性质会随着主剂与固化剂的混合比例而改变，但实际应用中一般两组分别按当量比 1∶1 设计，就可获得最适宜的物性。图 8－5 是 LED 封装用透明环氧树脂主剂成分的结构式。一般而言所谓的环氧预聚体以双酚 A（Bis-Phenol ADiglycidyl Ether）与双酚 F（Bis-Phenol F Diglycidyl Ether）型环氧为主，此外为防止玻璃化点变高、树脂变色，还经常添加脂环式环氧。

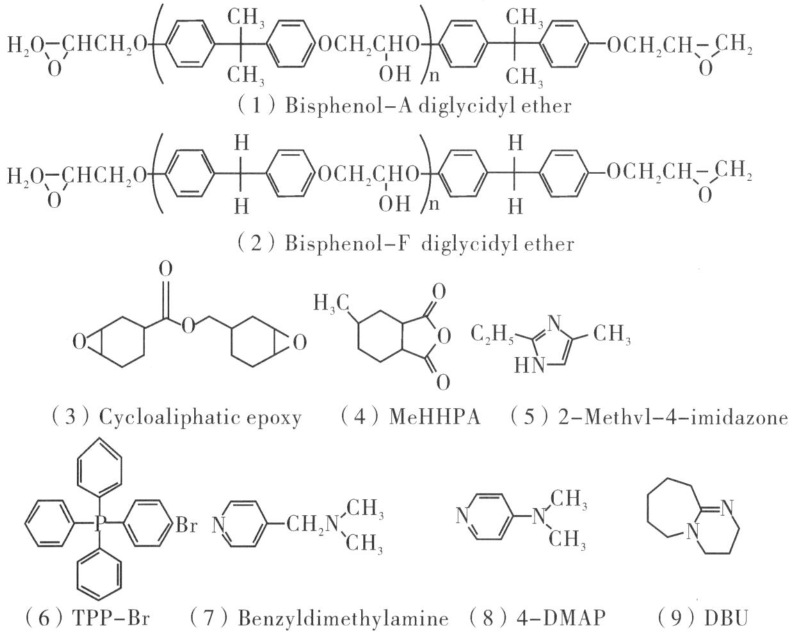

（1）Bisphenol–A diglycidyl ether

（2）Bisphenol–F diglycidyl ether

（3）Cycloaliphatic epoxy　（4）MeHHPA　（5）2–Methyl–4–imidazone

（6）TPP–Br　（7）Benzyldimethylamine（8）4–DMAP　（9）DBU

图 8－5　LED 封装用环氧树脂的成分结构

虽然有多种固化剂和固化促进剂可供环氧树脂选择，不过应用在 LED 封装时固化物必须是无色透明的，因此环氧固化剂的使用受到很大程度的限制，例如酸酐通常选用甲基六氢苯酐（MeHHPA）或六氢苯酐（HHPA）；固化促进剂则以胺（Amine）系、咪唑（Imidazol）系、磷系等为主。如上所述环氧树脂体系组成成分种类众多，所以它的反应结构非常复杂。图 8－6 是使用胺类固化促进剂时环氧固化反应过程的结构示意图。

（3）环氧树脂对 LED 的影响及机理的研究。

LED 作为照明光源的一大优势是寿命长，理论上 LED 的寿命可以达到 50000h。然而，无论是直插式还是 SMD 的寿命都没有达到这个水平，一般使用寿命均小于 50000h。对于紫光芯片加 RGB 荧光粉和蓝光芯片加 YAG：Ce 荧光粉制备的白光 LED 的寿命则更短，LED 的输出光强随着使用时间增加而逐渐降

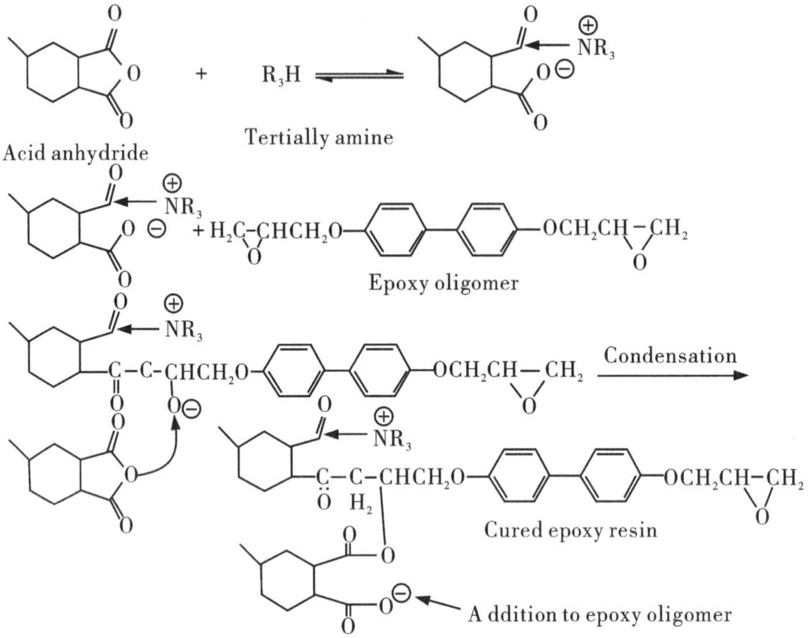

图 8 – 6   环氧树脂的固化反应示意图

低。相关研究显示造成 LED 输出光强降低的主要原因是由环氧树脂变黄而引起的。LED 封装用的环氧树脂主要成分是双酚 A 型环氧树脂，由于环氧树脂含有可吸收紫外线的芳香环，其吸收紫外线后会氧化产生羰基并形成发色团进而造成树脂变色。此外，环氧树脂遇热后也会变色，进而造成环氧树脂在近紫外波长范围内的透光率下降，该现象对 LED 发光强度影响极大。高分子材料在光线照射下一般都会发生光降解反应，高分子材料不但在 300 nm 以下的紫外线照射时会产生变黄现象，即使以 400 ~ 500 nm 的可见光照射也会使高分子材料发生光降解作用。材料光降解的程度主要与光线照射强度和照射时间有关。

在 LED 应用中人们发现，5 mm 荧光粉转白光 LED 封装环氧的黄化速率要比同类型蓝光或紫光 LED 封装环氧的黄化速率快得多。由于白光 LED 中短波长光的强度要远低于同类型蓝光或紫光 LED 中短波长光的强度，如果只有热老化和光老化是环氧树脂变黄的原因，那么白光 LED 中环氧的老化速率应该小于同类型蓝光或紫光 LED 中环氧的老化速率。Narendran 等人研究发现，造成白光 LED 老化速率比同类型蓝光或紫光 LED 老化速率快的原因是荧光粉的光散射作用引起的。与环氧树脂混合在一起的荧光粉在吸收部分短波长的光发出荧光的同时，还对短波长的光产生散射作用。因此，在任何给定的时间里，只有一部分光能够穿透荧光粉层，其他部分则在荧光粉层、反光灯碗、芯片之间不断反射，直至穿透或消耗在荧光粉层。因此，白光 LED 荧光粉层中的光线强度要远大于同类型的蓝光或紫光 LED。

因此，为了提高 LED 的寿命，需要提高封装材料本身的耐老化能力和减小封装材料与荧光粉界面间的光散射效应。

提高高分子材料光稳定的方法原则上有两种：一种是改变聚合物的结构，合成具有高光稳定结构的聚合物。包括聚合物的净制法、在聚合期间或在以后的接枝过程中，加入或接上稳定剂的方法等。由于涉及问题很多，效果又不十分理想，这种方法不太受重视。另一种方法是在聚合物中添加各种光稳定剂。Barton 等的研究发现 150℃ 左右环氧树脂的透明度降低，LED 光输出减弱，在 135℃ ~ 145℃ 范围内还会引起树脂严重退化，对 LED 寿命有重大的影响。在大电流情况下，封装材料甚至会碳化，在器件表面形成导电通道，使器件失效。为了提高材料的耐热性，减少因黄变而引起的光衰，Suzuki 等选择脂环族环氧树脂的固化性能进行研究，结果发现这类材料经过几周的老化实验之后，其在 400nm 范围内的光透过率仍为 90%，具有良好的耐老化性，抗紫外辐射性很好。这是由于环氧基直接连接在脂环上，能形成紧密的刚性分子结构，固化后交联密度增大，使得固化后的材料具有较高的热变形温度。同时，分子结构中不含苯环，具有优良的耐候性、耐化学、耐冲击性能、抗紫外辐射性。另外，因其是由脂环族烯烃经过有机过氧酸的环氧化制备得到的，其离子含量低，电性能好，不会因有氯的存在而对微电路产生腐蚀等问题，适合于用作 LED 的封装材料。李元庆等通过填充纳米氧化锌来提高对紫外光的屏蔽效果，减少紫外光对封装胶的破坏。结果发现，选择合适的粒径对封装材料的光学性能尤为重要，当 ZnO 含量低于 0.07%（wt）、粒径小于 27 nm 时复合封装材料在可见光区具有高的透明性，同时又有良好的耐紫外光辐射性，满足 UV-LED 封装的需要。

2. 有机硅封装材料的研究现状

（1）有机硅的机构及特点。

有机硅具有优异的热稳定性、耐候性、耐高低温性、高透光性、低吸湿性和绝缘性，这是由于有机硅的主链是由 Si（Me）$_2$-O-通过化学键键链而成，其侧基则通过硅与有机基团相连。图 8 - 7 表示典型有机硅的固化反应。聚合物链上既含有"无机结构"，又含有"有机基团"，这种特殊的组成和独特的分子结构使其集无机物的功能与有机物的特性于一身，从而体现出有机硅聚合物所特有的性能。而其特性则主要与有机硅的独特结构有关，如：Si-O 键长为 0.193nm，比 C-C（0.154nm）的长，键对侧基转动的位阻小；Si－O-Si 的键角（145°）比 C-C-H 及 H-C-H（109°）的大，使得 Si-O 之间容易转动，链段非常柔顺，这些使得有机硅在低温下，也能保持良好的性能，决定了有机硅材料可以在一个很宽的温度范围内工作（－50℃～250℃）；有机硅主链为-Si-O-Si-，侧基为甲基朝外排列，聚合物的分子链呈现螺旋状，这种特殊的杂链分子结构赋予了有机硅许多不同于其他聚合物的优异性能，其中一个很重要的性质就是赋予有机硅低的表面能 21～22（mN/m），具有良好的疏水性，硅氧烷具有较低的表面张力及柔顺性，能促进溶液经气孔渗透进入材料表皮内部，极大地增大聚合物体系的渗透率；硅原子的电子结构特殊，具有空的 d 轨道，决定了硅化物与碳化合物具有不同的成键能力：即硅原子能与 π 电子或弧对电子形成共轭，从而使 Si-O 键具有部分双键性质，与 C-O（344.4kJ/mol）相比其键能（422.5kJ/mol）要大得多。这些特点使有机硅透光率高，热稳定性好，耐紫外光性强，内应力小，吸湿性低，明显优于环氧树脂，成为 LED 封装材料的理想选择。尤其是随着高亮度长寿命白光 LED 及无铅回流焊接工艺的出现与发展，有机硅 LED 封装材料受到国内外研究者的关注，并成为当前 LED 封装材料新的发展趋势和研究热点。

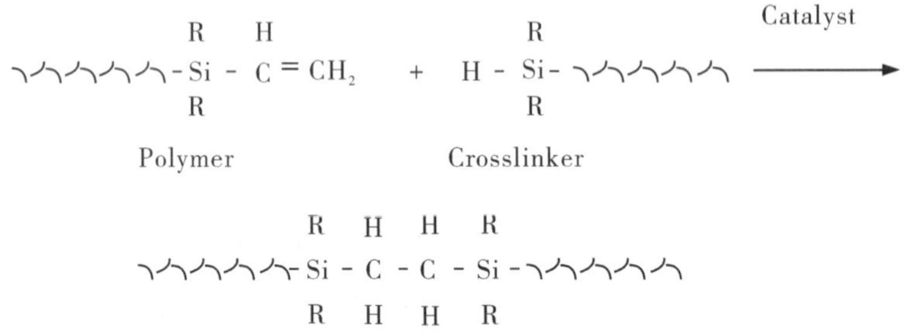

图 8-7　典型有机硅的固化反应示意图

（2）有机硅对 LED 的影响及其发展。

有机硅的折射率越高，封装出的 LED 出光率就越好。为了进一步提高有机硅封装的 LED 的出光率，需要开发出折射率更高的有机硅。通常，有机硅材料的折射率通常在 1.38～1.55 之间，与芯片的折射率相差较大不利于晶片的光输出，进而导致 LED 亮度下降。通过有机硅的侧链单元（R）可以调节其折射率，现在已经有折射率为 1.7 的数值报道。最近，道康宁、信越、瓦克、东芝等公司已开发出大功率 LED 专用有机硅封装胶，如道康宁的 OE-6336、JCR6175、EG-6301、JCR6122、JCR6101、SR-7010 等，其中 SR-7010 折射率为 1.53，性质坚硬，用于组件透明 LED 透镜的材料。对于高折射率的硅胶材料和硅树脂材料来说，它们已成为目前国外几家生产有机硅产品公司的研究热点和产品销售热点。而国内在这方面报道得比较少，更是没有成熟的产品，国内的市场全部被国外的产品所垄断。2006 年，在"863"计划的资助下，杭州师范大学开始着手大功率 LED 器件的封装研究。他们主要是通过二官能的烷氧基硅烷单体、三官能的烷氧基硅烷单体、单官能烷氧基硅烷单体混合，在酸性阳离子交换树脂的作用下，进行共水解缩合反应，制备一种高折射率、澄清透明、含甲基苯基硅氧链节的甲基苯基乙烯基硅树脂，其折射率可达到 1.52。另外，还对与其相匹配的增强材料 MQ 树脂及催化剂和交联剂进行研究。北京科化新材料科技有限公司和中国科学院化学研究所也于 2008 年在 LED 封装用有机硅透镜材料方面开展了研究。但是，到目前为止，以上数据和成果仅仅处在实验室研究阶段，还尚未生产出可以得到市场认可和检验的产品。

有机硅材料的热稳定性、耐候性、耐高低温性、高透光性、低吸湿性和绝缘性，使其渐渐被应用于各种快速成长的高亮度 LED 市场，包括车用内部照明、手机闪存模组、一般照明以及新兴的 LED 背光模组等。据业内专家预测，全球高亮度 LED 市场规模将从 2006 年的 40 亿美元增长到 2011 年的 90 亿美元。技术的日新月异使高亮度 LED 拥有了更为广泛的应用空间，新材料和新工艺令产品的性能和可靠性得到显著提升。事实证明，有机硅材料凭借其可提高 LED 出光效率和减少内部热累积的优势，已经成为扩大 LED 应用的关键推动因素。但是，LED 封装这个课题涉及物理、化学、材料、光电等多个学科，需要在充分理解有机硅的特性及 LED 应用需求的基础上，进一步开发出透光率高、硬度高、折射率高、黏结性好、可靠性高的新型有机硅封装材料。

（二）大功率 LED 的封装结构与散热问题

目前，对于功率型 LED，其电光能量转换效率约为 15%，即 85% 的能量将转化为热能。传统的照明器件不存在散热的问题，白炽灯、荧光灯在使用过程中灯丝达到非常高的温度，发出的光包含红外线，可以通过辐射的方式散发热量。和白炽灯、荧光灯的发光机理不同，LED 是靠电子在能带间跃迁产生光，其光谱中不包含红外部分，所以热量不能靠辐射散出。正常工作的 LED 一般要求结温在 110℃ 以下，如果封装散热不良，会使芯片温度升高，引起应力分布不均、芯片发光效率降低、荧光粉转换效率下降、发光波长变长；当温度超过一定值，器件的失效率将呈指数规律攀升，所以散热对 LED 意义重大。对于照明应用的 LED，其封装过程中的散热问题就变得极为重要。

LED 芯片的特点是在极小的体积内产生极高的热量。而 LED 本身的热容量很小，所以必须以最快的速度把这些热量传导出去，否则就会产生很高的结温。为了尽可能地把热量引出到芯片外面，人们在 LED 的芯片结构、封装结构和材料上进行了很多改进。

1. 衬底材料与封装形式

目前，典型的外延衬底材料有两大类：一类是以日亚化学为代表的蓝宝石；一类是美国 CREE 公司为代表的 SiC 衬底。从实用化方面看，蓝宝石较为突出，但是蓝宝石衬底的导热率比较小，为 35~46W/（m·K），因此，普通正装的芯片结构会使得管座与芯片有源层间产生很大的温差，导致管芯温度上升，从而影响器件的各项性能。SiC 虽然导热率比蓝宝石高，可达到 490W/（m·K），并且在器件后期电极制作的方面也有很大便利性，但是不足之处在于材料价格昂贵，制作成本很高。

为了克服正装芯片的散热不足，Lumileds 公司开发出了倒装芯片（Flip chip）封装技术。倒装结构的特点在于以热导率较高的硅或陶瓷材料作为芯片热传导的介质，通过倒装焊接技术将 LED 芯片键合在 Si 衬底上。与正装结构的 LED 相比，倒装焊芯片结构使器件产生的热量不必经由蓝宝石衬底，而是由焊接层传导至 Si 衬底，再经 Si 衬底和黏结材料传导至金属底座。由于 Si 材料的热导率较高，可有效降低器件的热阻，提高其散热能力。理论上，对于倒装焊接结构的 LED，以目前的材料和工艺，其芯片热阻最低可做到约 1.34 K/w，出光率也提高了 60% 左右。由此可见，在散热方面，倒装芯片封装技术具有潜在的优势。

2. LED 封装支架与散热基板

传统的 LED 封装都采用圆筒形直插式，如图 8-8（a）所示，其热阻高达 250℃~300℃/W，不能使用于功率型 LED 封装。目前，大量商业化应用的功率型 LED 的封装形式主要有：表面贴片式（SMD）LED 封装和板上芯片直装式（COB）LED 封装。（SMD）LED 封装是将单个 LED 晶粒通过焊料直接固定在带有静电防护的衬底上，衬底直接连接到内部的金属热沉，再通过导热胶与外部的散热基板连接，如图 8-8（b）所示。LED 晶粒产生的热量主要通过焊料、衬底、热沉、导热胶、散热基板向外传导。（SMD）LED 封装在实际应用中既可独立使用，如应用在手电筒等小型照明设备中，也可组合使用，形成更大功率的 LED 照明产品。SMD 的衬底材料一般有 MCPCB 和陶瓷基板。这种封装形式结构简单，成本相对低廉，目前多用于大功率 LED 的低端产品中。COB LED 封装是指将多个 LED 晶粒通过焊料及衬底直接固定在整块的散热基板上，如图 8 - 8（c）所示。与 SMD 型的封装相比，COB 型封装不仅大大提高了封装功率密度，而且降低了封装热阻，因此是当前大功率 LED 产业发展的主流。

除了以上两种投入商业化应用的大功率 LED 封装形式外，近年来还出现了一种系统封装式（SiP）LED。SiP（System in package）是为了适应整机的便携式发展和系统小型化的要求，在系统芯片 System on chip（SOC）的基础上发展起来的一种新型封装集成方式。对 SiP LED 而言，不仅可以在一个散热基板上封装多个发光芯片，还可以将各种不同类型的器件（如电源、控制电路、光学微结构、传感器等）集成在一起，构建成一个更为复杂的、完整的系统，如图 8 - 8（d）所示。SiP 型 LED 封装提高了系统集成度，并能与传统的集成电路生产工艺进行兼容，将是未来大功率 LED 产品的发展方向之一。

在表面贴片式（SMD）、板上芯片直装式（COB）和系统封装式（SiP）LED 封装中，LED 晶粒产生的热量通过散热基板进行散热，因此基板散热性能的好坏会直接影响整个大功率 LED 封装模组的散热性能。

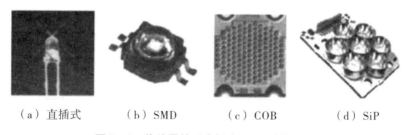

（a）直插式　　（b）SMD　　（c）COB　　（d）SiP

图 8 - 8　传统圆筒形直插式 LED 封装结构

目前，在 LED 封装中应用的散热基板主要有环氧树脂覆铜板（FR4）、金属基覆铜板（MCPCB）、陶瓷覆铜板等。散热基板除了要提供内外部重要的散热路径外，还必须兼有电路连接和物理支撑的功能。环氧树脂覆铜板（FR4）广泛应用在传统的集成电路中，但由于采用的是有机树脂作为底板，散热能力较差，目前只能应用于 0.5W 以下的小功率 LED 中。金属基覆铜板（MCPCB）是以导热系数相对高的金属（如铝、铜）作为底板，再将导电铜箔通过掺杂了导热材料的环氧树脂与金属底板黏合在一起制成的。MCPCB 是近年来出现的一种新型基板，其生产工艺成熟，价格适中，散热性能相比 FR4 有较大提升，目前是大功率 LED 散热基板的主流产品。陶瓷覆铜板常见的类型主要有 Al_2O_3 陶瓷基板、AlN 陶瓷基板、LTCC（低温共烧陶瓷）陶瓷基板、陶瓷直接键合铜箔法（DBC）陶瓷基板。陶瓷覆铜板的优点是导热系数优于金属基覆铜板，但是生产成本高，因此目前只在高端的大功率 LED 产品中进行部分应用。

三、关键技术难点、待解决的挑战性难题

LED 封装方法、材料、结构和工艺的选择主要由晶片结构、光电/机械特性、具体应用和成本等因素决定。经过近 50 年的发展，LED 封装先后经历了直插式、贴片式和功率型 LED 等发展阶段。随着芯片功率的增大，特别是固态照明技术发展的需求，对 LED 封装的光学、热学、电学和机械结构等提出了新的、更高的要求，因此还存在很多技术难点。

（一）新型荧光粉的开发

YAG: Ce^{3+} 是最早被广泛应用于白光 LED 技术中的一种荧光粉，但是由于其发射光谱中红色成分较少，难以获得较高显色指数和低色温的白光 LED；另外，半导体照明的持续发展推动人们开发出更高转化效率的荧光粉。早期，通过在 YAG: Ce^{3+} 中加入（Ca，Sr）S: Eu^{2+}、（Ca，Sr）Ga_2S_4: Eu^{2+} 红绿色荧光粉来实现高显色指数、低色温的要求，但是由于这类碱土金属硫化物物理化学性质不稳定、易潮解、挥发和具有腐蚀性等问题，不能满足 LED 照明产业的需求。近来，人们开发了一种热稳定性和化学稳定性优异的红色荧光粉，能完全替代碱土金属硫化物实现高显色指数、低色温白光 LED，因其具有硅氮（氧）四面体结构，被称为氮氧化物，具有更高的激发效率。

当前，国外公司在 LED 用荧光粉方面技术成熟，且持有大部分重要专利。他们通过对荧光粉专利的把持而占领着 LED 市场，YAG: Ce^{3+} 荧光粉的专利主要由 Nichia 占有（U. S. 5998925），Osram 则占据了 $Tb_3Al_5O_{12}$: Ce^{3+} 的荧光粉专利（U. S. 6812500，6060861，65276930），TG、LWB 和 Tridonic 持有掺 Eu^{2+}（SrBaCa）$_2SiO_4$Si: Al，B，P，Ge 的专利（U. S. 6809347），Intematix 持有掺 Eu^{2+}（SrBaMg）$_2SiO_4O$: F，Cl，N，S 的专利（U. S. 20060027781，200627785，200628122）。反观国内，LED 用荧光粉方面的研究大多集中在科研院所，主要是对现有荧光粉材料的合成和发光等进行物性上的改进，而在荧光粉体系上的创新不够，这种状况严重制约着白光照明产业的发展。

（二）荧光粉的涂覆方式与光色一致性问题

传统的荧光粉涂覆方式为点粉模式，即将荧光粉与胶体的混合物填充到芯片支架杯碗内，然后加热固化。这种涂覆方式荧光粉的量难以控制，并且由于各处的激发光不同，使得白光 LED 容易出现黄斑或者蓝斑等光色不均匀现象。Philips Lumileds 公司提出了保形涂覆的荧光粉涂覆方式，它们在倒装 LED 芯片表面覆盖一层厚度一致的荧光粉膜层，提高了白光 LED 的光色稳定性。也有公司采用在芯片表面沉积一层荧光粉的方法来实现激发。这些涂覆方式都是让芯片与荧光粉接触。H. Luo 等研究者的光学模拟结果表明，这种荧光粉与芯片接触的近场激发方法，增加了激发光的背散射损耗，降低了器件的取光效率。澳大利亚的 Sommer 采用数值模拟的方法模拟 Philips Lumileds 的荧光粉保形涂覆结构，结果显示这种涂覆方法并不能提供更好的角度均匀性。随着对白光 LED 光学模拟的深入研究，荧光粉远场激发的方案显示了更多的优越性。

（三）大电流注入及散热结构

为了满足通用照明高光通量的需求，人们提高了单颗芯片的驱动功率，以往 1W 的大功率芯片被改为 3W、5W，甚至更高，这使得白光 LED 的发热问题越来越严重，人们采用各种散热技术，如热管、微热管、水冷、风冷等方法对 LED 实施散热。

（四）陶瓷基板

现阶段陶瓷基板的金属线路多采用厚膜技术成型，因此以曝光微影为对位方式的薄膜型陶瓷散热基板就变成为精准线路的设计主流。在高效能、高品质要求与高生产驱动的高功率 LED 陶瓷基板的发展趋势下，选择高散热效果、高精准度的薄膜工艺陶瓷基板将成为趋势。因此，可预期的薄膜陶瓷基板将逐渐应用在高功率 LED 上，并随着高功率 LED 的快速发展而达到经济规模，进而更加速高功率 LED 产品的量化。

四、现状与未来发展趋势

随着 LED 日渐向大功率型发展，其封装也呈现出封装集成化、封装材料新型化、封装工艺新型化等发展趋势与特点。下面从芯片、材料、工艺等方面介绍 LED 封装技术的发展趋势。

（一）集成化封装

从 LED 出现至今，LED 芯片的光效不断提高，芯片面积也不断减小。2005年，要实现 60lm 光通量需要的芯片面积为 40mil×40mil，而 2008 年要获得相同的光通量，只需 24mil×24mil 的芯片即可。芯片内量子效率的提高导致产生的热量减少，芯片有源层的有效电流密度将大幅上升，单颗芯片效率的提高使集成化封装成为可能。

（二）开发新的封装材料

集成化封装 LED 器件同时也提高了热聚焦效应，这就要求 LED 器件的封装材料在导热性能方面有较大的提高，高导热率的封装材料不仅可以提高散热效率，还能大大提高 LED 芯片的工作电流密度。就目前的趋势来看，金属基座材料主要是以高热传导系数的材料组成，如铝铜甚至陶瓷材料等，但这些材料与芯片间的热膨胀系数差异甚大，若让其直接接触，很可能因为在温度升高时材料间产生的应力而造成可靠性的问题，所以一般都会在材料间加上兼具传导系数及膨胀系数的中间材料作为间隔，能够大幅度降低热阻的共晶焊接技术将成为 LED 芯片封装技术的主流。

（三）采用大面积芯片封装

尽管就数据而言，LED 芯片的面积在不断下降，但目前芯片内量子效率的提高并不是非常明显，采用大面积芯片封装提高单位时间注入的电流量可以有效提高发光亮度，是发展功率型 LED 的一种趋势。

（四）平面模块化封装

平面模块化封装是另一个发展方向，这种封装的好处是由模块组成光源，其形状大小具有很大的灵活性，非常适合于室内光源设计，但芯片之间的级联和通断保护是一个难点，大尺寸芯片集成是获得更大功率 LED 的可行途径，倒装芯片结构的集成优点或许更多一些。

此外，仿 PC 硬度的硅胶成型技术、非球面的二次光学透镜技术等将成为 LED 封装技术的基础，定向定量点胶工艺、图形化涂胶工艺、二次静电喷荧光粉工艺和膜层压法三基色荧光粉涂布工艺等都将成为 LED 封装的一个发展趋势。

　　LED 封装是一个涉及多学科的研究课题，如光学、热学、机械、电学、力学、材料、半导体等。从某种角度而言，LED 封装不仅是一门制造技术，而且也是一门基础科学，良好的封装需要对热学、光学、材料和工艺力学等物理本质进行理解和应用。LED 封装设计应与晶片设计同时进行，并且需要对光、热、电、结构等性能进行统一考虑。在封装过程中，虽然材料（散热基板、荧光粉、灌封胶）选择很重要，但封装结构（如热学介面、光学介面）对 LED 光效和可靠性的影响也很大，大功率白光 LED 封装必须采用新材料，新工艺，新思路。对于 LED 灯具而言，更是需要将光源、散热、供电和灯具等集中考虑。

第九章　驱动电源

一、LED 驱动电源发展概况

LED 的技术已经日臻成熟，应用也越来越广泛，在 LED 大放异彩的同时，LED 驱动电源产业则是 LED 整个产业链发展的保障，LED 电源的品质直接制约着 LED 产品的可靠性，因此，在 LED 产业链逐步完善的过程中，LED 驱动电源的成熟也至关重要。由于 LED 光源与传统照明光源相比有着更突出的性价比，因此很快就形成了具有产业规模的 LED 室内照明市场与室外照明市场，同时 LED 电源企业也呈现飞速发展的趋势。

（一）驱动电源简介

1. 什么是驱动电源

LED 是特性敏感的半导体器件，又具有负温度特性，因而在应用过程中需要对其工作状态进行稳定和保护，从而产生了驱动的概念。LED 器件对驱动电源的要求近乎苛刻，LED 不像普通的白炽灯泡，可以直接连接 220V 的交流市电。LED 是 2～3V 的低电压驱动，必须要设计复杂的变换电路，不同功率、不同用途的 LED 灯具，要配备不同的电源适配器。国际上对 LED 驱动电源的效率转换、有效功率、恒流精度、电源寿命、电磁兼容等性能的要求都非常高，设计一款好的电源必须要综合考虑这些因素，因为电源在整个灯具中的作用就好像人的心脏一样重要。

2. LED 驱动电源面临的挑战

近年来，在国内市场一片繁荣的背景下，LED 产品质量良莠不齐，对驱动电源的要求混乱，市场上的 LED 产品在如火如荼的发展态势下，就 LED 驱动电源而言，目前面临着几个挑战：

（1）驱动电路整体寿命，尤其是关键器件如电容在高温下的寿命直接影响到电源的寿命。

（2）LED 驱动器应挑战更高的转换效率，尤其是在驱动大功率 LED 时更是如此，因为所有未作为光输出的功率都会作为热量耗散，导致电源转换效率过低，影响 LED 节能效果的发挥。

（3）以大调光比高效率地对 LED 进行调光，同时能够保证在高和低亮度时颜色特性恒定。并要降低成本，目前在功率较小（1~5W）的应用场合，恒流驱动电源成本所占的比重已经接近 1/3，已经接近了光源的成本，在一定程度上影响了市场推广。

图 9-1 为 LED 电源分类框架图。非隔离式电源结构简单，成本较低，但是安全性差，隔离式电源虽较为复杂昂贵，但是安全性好，应用较广。

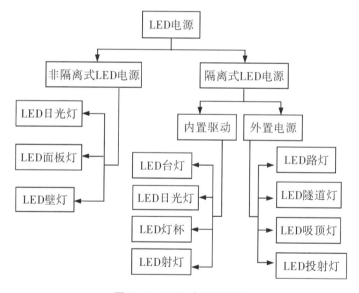

图 9-1 LED 电源分类图

3. LED 电源的产业现状与展望

由于 LED 照明是新兴的产业，目前还没大面积普及，同时没有可以依照的行业标准，每一家企业设计的灯具所需求的电源在电气结构上都不一样。多数 LED 灯具企业在灯具设计初期没有跟可以合作的电源厂家沟通与合作，而是按自己的想法或仿照某一同行的做法在 LED 基板及结构设计完成后才考虑电源的问题，所以往往会找不到合适的，质量合格的电源。因此造成 LED 电源的现状是：品种多，需求批量小，各家需求的电气结构通用性差，基本都是定制品，导致电源成本的急剧上升及质量的不稳定。

目前国内在大功率 LED 电源市场上市场占有率较大并且口碑较好的有以下品牌：东莞富华电子有限公司，深圳茂硕电源科技股份有限公司，英飞特电子有限公司，南京北方慧华光电有限公司，明纬企业股份有限公司，台达电子电源有限公司等 LED 应用产品电源。

对 LED 室外照明灯具来说，寿命和光衰减比节能更重要。而影响 LED 应用产品寿命 70% 的因素来自于 LED 电源。目前真正做到可靠的电源产品并不多，这就需要政府、企业重视产品的研究与开发，在国家标准的制约下，相信生产出规范化可靠性好的 LED 应用电源产品指日可待。

二、LED 室内照明灯具电源

LED 灯具必须配有专用的电源转换设备，即所谓的 LED 驱动电源，以便提供能使 LED 正常工作的额定电压和电流。

（一）LED 驱动电源的分类

1. LED 电源按驱动方式划分，可分为恒压驱动和恒流驱动两种

恒压驱动电路的各项参数确定之后，输出固定电压，输出电流随负载的变化而变化。恒压驱动电路不怕负载开路，但严禁完全短路，每段负载需加上合适的限流电阻才能使所有 LED 亮度均匀，且亮度会受电压变化的影响。

恒流驱动输出的是恒定电流，输出的直流电压随着负载阻值的不同而变化，负载阻值小，输出电压就低，负载阻值大，输出电压就高。恒流驱动电路不怕负载短路，但严禁完全开路。恒流驱动电路是 LED 较为理想的驱动方式，但成本较高。图 9 - 2 为典型的恒流驱动电路结构图，供电与恒流电路一体，结构简单，成本较低，适合 40W 以下的小功率室内照明应用。

图 9 - 2 典型恒流驱动电路结构图

根据负载端与输入端的连接方式，市电供电的 LED 驱动电源可分为隔离型和非隔离型。

非隔离型 LED 电源的负载端与输入端有直接连接，触摸负载有触电的危险，安全性差。隔离型 LED 电源是指在负载端与输入端之间有隔离变压器，安全性大大高于非隔离型电源。

2. 按驱动电路的结构划分，LED 电源可分为

（1）镇流电阻结构。镇流电阻直接与 LED 串联，达到镇流作用，电流与镇流电阻成反比，当电源电压上升时，镇流电阻能限制电流的过量增长，使电流不超出 LED 的允许范围。这种电路简单，成本低，但是效率极低，且极不稳定，仅适用于个别小功率 LED 应用。

（2）镇流电容结构。利用电容容抗达到镇流目的。这种结构同样具有结构简单、成本低、供电方便的特点，并且电容不会像电阻一样把一部分能量转化为热能耗散掉，因此能效比镇流电阻结构稍高，但整体电源效率仍然很低，稳定性也较差，适用于多 LED 串联的负载电压较高的情况。

（3）变压器降压结构。包括普通变压器和电子变压器，这种结构效率低，稳定性差，极少使用。

（4）开关电源结构。这种结构电源成本稍高，但电源转换效率高，输出的电流电压也很稳定，输出纹波小，并且有完善的保护措施，可靠性高。

开关电源是目前 LED 较为理想的电源，其中最常用的是 PWM（脉冲宽度调制）开关电源。

PWM 的原理是，在输入电压，内部参数和外接负载变化的情况下，通过控制信号与基准信号的差值进行闭环反馈，调节电路内部开关器件的导通脉冲宽度，从而使输出电压或电流等随着控制信号保持稳定。PWM 的开关频率一般为恒定值，比较容易滤波，但却不宜用于 LED 恒流驱动，在要求输出功率较大而输出噪声较低的场合应用比较适合。PWM 开关电源一般包括输入整流滤波、输出整流滤波、PWM 控制单元和开关能量转换四个部分，如图 9 - 3 所示。

PWM 开关电源驱动 LED 具有明显的优点：

（1）用 PWM 驱动，能够减小 LED 发热量。LED 的损坏和光衰大多是灯芯过热造成的。大量实验表明，在相等的平均电流的情况下，灯芯采用 PWM 方式比模拟方式温度会低很多。这不仅减少了能量消耗，提高了电源效率，也能

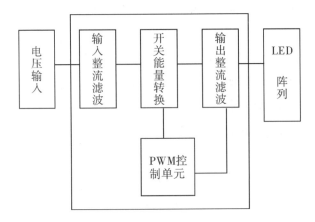

图 9 - 3   PWM 开关电源结构

有效避免 LED 的光衰和损坏。

（2）用 PWM 驱动 LED，可以和数字控制技术结合，对电路进行精确控制。

（3）用 PWM 驱动 LED，更有利于 LED 调光。PWM 调光具有极高的精确度，可以在很大范围内调光，不会发生闪烁，并且不会像改变电流调光那样改变 LED 的光谱和色温。

（二）良好的室内 LED 电源应该具有以下特点

1. 高功率因数

功率因数是加在负载上的电压和电流之间的相位差余弦。低功率因数会使供电效率降低，而且会产生过多的高次谐波，造成电网被高次谐波污染。单个低功率因数负载对电网影响不大，70W 以下的用电器也没有对功率因数的强制要求，但是多个集中的低功率因数负载会对电网产生比较严重的污染。

2. 高效率

节能高效是 LED 最显著的优点之一，LED 电源必须也满足高效的要求。另外，LED 电源效率提高，发热量就会相应减小，能有效延缓 LED 的光衰，降低 LED 的故障率。

3. 长寿命

LED 的寿命很长，可达数万甚至 10 万小时，LED 电源应当具有大致相当的寿命，才能发挥 LED 长寿命的优势。

4. 高可靠性

可靠性高的 LED 驱动电源应当有欠压保护、过压保护、浪涌保护等保护电路，以保证在各种突发情况下系统的安全性。除了常规的保护功能，一些 LED 灯具电源开始加入温度负反馈调节功能，防止 LED 温度过高。另外，良好的抗干扰能力也是必需的。

5. 符合安全规范和电磁兼容的要求

LED 是低压器件，但整个 LED 系统确需要高压供电。LED 电源必须严格满足安全规范，以保证使用安全。电磁兼容一方面要求 LED 电源具有良好的抗电磁干扰能力，另一方面也要求 LED 系统降低自身对外界的电磁干扰。

6. 成本与尺寸的合理控制

室内照明是 LED 灯具应用最为广泛的领域，包括家用与普通商用，一般多为 40W 以下的功率较小的灯具，如球泡灯、日光灯、筒灯、射灯、灯盘等。室内 LED 灯具电源的设计不需要考虑室外环境因素（雨雪、酸、雷电等）的影响，但是除了上述一般性的要求之外，还必须考虑到成本及尺寸的因素。对于家用及普通商用 LED 来说，价格是顾客选择产品的一个很重要的因素。LED 电源应当尽量满足简单、低成本的要求，提高 LED 灯具的竞争力。另外，室内 LED 灯具一般体积较小，并且都采用内置电源，这就要求 LED 电源必须减小尺寸，降低占用的空间。这对于控制整体成本也是有利的。

图 9 - 4 是一款贴片 LED 照明灯具的实用电路图，该灯利用 220V 电源供电，220V 交流经 C1 降压电容降压后经全桥整流再经 C2 滤波后经限流电阻 R3 给串联的 10 颗贴片 LED 提供恒流电源。该电路是小功率灯杯比较适用的电路，占用体积小，可以方便地装在空间较小的灯杯里，现在被灯杯产品普遍采用。该电路的优点是：恒流源，电源功耗小，体积小，经济实用。但是在使用时降压电容要接纳耐压在 400V 以上的涤纶电容或 CBB 电容，滤波电容要用耐压 250V 以上的电容。此电路可以驱动 7 ~ 12 只 20mA 的贴片 LED。

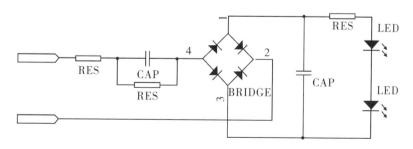

图 9 - 4　室内小功率 LED 灯具电源实例

三、LED 室外照明灯具电源

从 LED 的数字模型看，LED 在正向导通后其正向电压的细小变动将引起 LED 电流的很大变化，并且，室外环境温度，LED 的老化时间等因素也将改变影响 LED 的电气性能。同时 LED 的光输出直接与通过 LED 的电流相关，所以 LED 驱动电路在输入电压和环境温度等因素发生变动的情况下最好能控制 LED 电流的大小。否则 LED 的光输出将随输入电压和温度等因素变化而变化，并且，若 LED 电流失控，LED 长期工作在大电流下将影响 LED 的可靠性和寿命，并有可能失效。

（一）室外电源设计要求

根据电网的用电规则和 LED 的驱动特性要求，在选择和设计 LED 驱动电源时要考虑到以下几点。

1. 高可靠性

特别像 LED 路灯的驱动电源，装在高空，维修不方便，维修的花费也大。

2. 高效率

LED 是节能产品，驱动电源的效率要高。对于电源安装在内部的灯具，高效率尤为重要。电源的效率高，耗损功率小，在灯具内发热量就小，也就降低了灯具的温升，对增加 LED 灯具的使用寿命有利。

3. 驱动方式

现在通行的有两种：其中一种是一个恒压源供多个恒流源，每个恒流源单独给每路 LED 供电。这种方式，组合灵活，一路 LED 故障，不影响其他 LED 的工作，但成本会略高一点。另一种是直接恒流供电，LED 串联或并联运行。它的优点是成本低一点，但灵活性差，还要解决某个 LED 故障，不影响其他 LED 运行的问题。多路恒流输出供电方式，在成本和性能方面会较好，也许是以后的主流方向。

4. 浪涌保护

LED 抗浪涌的能力是比较差的，特别是抗反向电压的能力。由于电网负载的启用和雷击的感应，从电网系统会侵入各种浪涌，有些浪涌会导致 LED 的损坏。因此，LED 驱动电源要有抑制浪涌的侵入，保护 LED 不被损坏的能力。

5. 保护功能

电源除了常规的保护功能外，最好在恒流输出中增加 LED 温度负反馈电路，防止 LED 温度过高。

6. 防护全面

灯具外安装型，电源结构要防水、防潮，外壳要耐晒。

7. 要符合安规和电磁兼容的要求

（二）室外 LED 电源（路灯电源）设计实例

LED 室外照明在 LED 照明应用中占很大比重，室外照明灯具主要包括 LED 路灯、LED 隧道灯、LED 洗墙灯、LED 投射灯、LED 地埋灯、LED 水底灯、LED 草坪灯，等等。

LED 路灯是室外照明中很重要的一个应用，具有典型性和代表性。在节能省电的前提下，LED 路灯取代传统路灯的趋势越来越明显。而随着低耗电 LED 路灯的崛起，使得太阳能路灯变得更为可行。市面上，LED 路灯电源的设计，有相当多品种，早期的设计比较重视低成本，从简单的棋盘式连接到只做定电流控制不调整电压的设计。随着 LED 的应用越来越广泛，高效率及高可靠性的电源设计，才是最重要的。

下面针对几种不同 LED 路灯的应用，提出适合的架构，并做优缺点的分析。同样的架构，也可用于其他大功率室外照明灯具的电源设计中。

1. 直接 AC 输入，对 6 串 LED 分别做定电流控制

这一种是目前效率最高、电路成本最低的方式。与其他传统方案比较，直接由光耦合器对一次测量做回溯控制，调整输出电压，减少一次转换的损失。将 C Spin 的电压固定在 0.25V，对 6 串 LED 分别做定电流控制。IC 会侦测各串反馈的位置，将电压最低那串，即 Vf 总和最高的那串，固定 0.5V。由于各串 LED Vf 值总和的不同，Vf 差异所引起的多余电压会落在 MOS 上面，造成些许损耗。如果是一般对 Vf 分 BIN 过后的 LED，损耗可以控制在 2% 以内。若使用 LLC 架构进行一次测量，有机会让整体电源效率接近 90%。

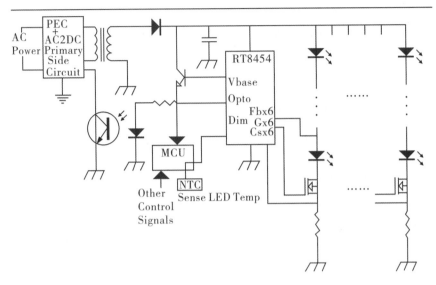

图 9 – 5　6 串 LED 直接 AC 输入

2. DC 或电池输入，对 6 串 LED 分别做定电流控制

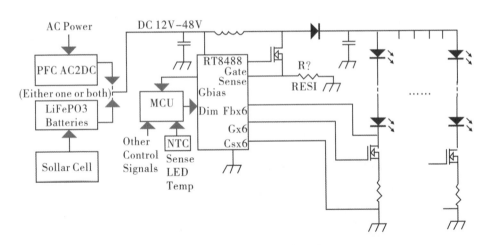

图 9 – 6　6 串 LED DC 或电池输入

在这种采用多串升压结构的设计方式中，LED 驱动的方式与第一种类似，差别在于由原来的 AC 输入，改为经由电源适配器或是电池输入。相较于前面 AC 输入的方案，设计较为简单。但多了一次升压的变换，在适当的范围内，效率引起的输出电压或是 LED 数目的变化比降压要小，所以此架构的 LED 配置较为灵活。LED 数目的变化不易导致输出电流或效率的改变。

3. 单串降压

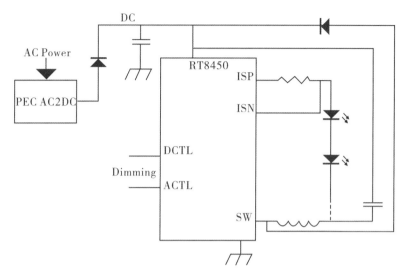

图 9 - 7 单串降压结构

　　这应该是目前最普遍的方式，设计简单的同时效率也高。不同功率的路灯
可以使用相同的灯条，只要更换路灯面板，插上不同数目的灯条，就可以组合
出各种不同功率的路灯。但是每一串都需要独立的电源模块，成本较高；同时
降压的结构，会让 LED 的数目受限于输入电压。

4. 单串升压

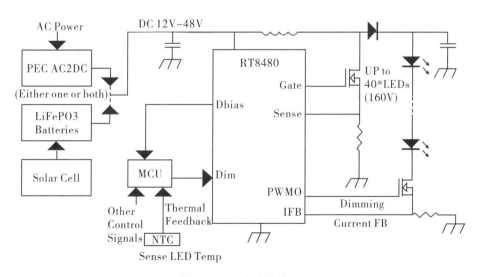

图 9 - 8 单串升压结构

对于同样的单串设计，升压结构的最大效率会稍低于降压结构，但是 LED 串联的数目由 MOS 来决定，不再受限于输入电压，所以可以串联较多的 LED。这种方式适合输出电压不高的太阳能路灯。采用此种方式的设计，虽然是一样的单串结构，但对 LED 数目的配置却更为灵活。不仅能串更多颗 LED，而且 LED 数目的变化对效率以及电流大小的影响也较小。

四、LED 电源标准

在日常的生产和生活中，电源是一种量大面广、通用性强的电子产品，不论是人们的日常生活还是现代电子战争，电源系统作为其动力源，其地位和重要性自然是不言而喻的。随着 LED 照明产业的快速发展，LED 电源市场也随之快速膨胀，适用于 LED 产品的新型电源也越来越多，随着电源技术的更新换代更加推动了相关电子设备及元器件的发展。

然而由于 LED 电源技术尚未成熟，相关标准未出台，没有专门针对 LED 电源的标准，市场乱象丛生，标准缺失，这导致厂商的维护成本增大，不利于 LED 产业的发展。同时由于使用标准不统一，给设计、验收和使用带来很大困难，有时甚至会给国家造成严重的经济损失，因此必须建立统一的技术标准。目前电源生产厂商依据的生产标准为国际电工委员会（IEC）制定的有关电源的标准。

（一）国际电工委员会（IEC）已经制定的有关电源的标准

1. 直流稳定电源的标准

直流稳定电源是指能为负载提供稳定直流电源的电子装置。直流稳压电源的供电电源大都是交流电源，当交流供电电源的电压或负载电阻变化时，稳压器的直流输出电压都会保持稳定。直流稳压电源随着电子设备向高精度、高稳定性和高可靠性的方向发展，对电子设备的供电电源提出了更高的要求。直流稳定电源标准见表 9 – 1。

表 9 – 1　直流稳定电源标准

国际标准		国家标准	
IEC478.1 – 1974	《直流输出稳定电源术语》	SJ2811.1 – 87	《通用直流稳定电源术语及定义、性能与额定值》
IEC478.2 – 1986	《直流输出稳定电源额定值和性能》	SJ2811.2 – 87	《通用直流稳定电源测试方法》

续表

国际标准		国家标准
IEC478. 3 – 1989	《直流输出稳定电源传导电磁干扰的基准电平和测量》	
IEC478. 4 – 1976	《直流输出稳定电源除射频干扰外的试验方法》	
IEC478. 5 – 1993	《直流输出稳定电源电抗性近场磁场分量的测量》	

　　我国这两份标准已发布实施 13 年了,对我国直流稳定电源的科研生产起到了很大的作用。

　　2. 交流稳压电源的标准

　　能为负载提供稳定交流电源的电子装置,又称交流稳压器。交流稳压电源目前已广泛应用于工业自动化,成套设备、数控机床、轻纺、医疗、宾馆、广播电视、通信设备等各种需要电压稳定的场合。交流稳压电源标准见表 9 – 2。

表 9 – 2　交流稳压电源标准

国际标准		国家标准	
IEC686 – 1980	《交流输出稳定电源》	SJ/T10541 – 94	《抗干扰型交流稳压电源通用技术条件》
		SJ/T10542 – 94	《抗干扰型交流稳压电源测试方法》
			此标准由中国电源学会交流稳定电源专业委员会及国内相关的电源生产厂、检测机构等负责编制,详细规定了对普通型和抗干扰型交流稳压电源的技术要求、环境要求及相应的试验方法、质量检验规则等。该标准发布实施以来,对交流稳压技术的发展有很大的推动作用

　　另外,参照该标准制定的我国国家标准 GB/T《交流输出稳定电源通用规范》已经报批完成,该标准中的术语、技术要求及试验方法参照了 IEC686,在此基础上又增加了环境试验要求及试验方法、质量评定程序、标志、包装、运

输、贮存等要求，使其成为一个能指导交流电源研制全过程的一个完整的技术规范。

3. 不间断电源及开关电源的标准

不间断电源，是一种含有储能装置，以逆变器为主要组成部分的恒压恒频的电源。主要用于为单台计算机、计算机网络系统或其他电力电子设备提供不间断的电力供应。开关电源是利用现代电力电子技术，控制开关管开通和关断的时间比率，维持稳定输出电压的一种电源，开关电源一般由脉冲宽度调制（PWM）控制 IC 和 MOSFET 构成。开关电源及不间断电源标准见表 9 - 3。

表 9 - 3　开关电源及不间断电源标准

国际标准		国家标准	
IEC443 - 1974	《测量用稳定电源装置》	GB/T14714 - 93	《微小型计算机系统设备用开关电源通用技术条件》
		GB/T14715 - 93	《信息技术设备用不间断电源通用技术条件》
		SJ/Z9035 - 87	《测量用稳定电源装置》

（二）其他方面的电源标准性生产的国际标准和国内标准

随着电源技术的进步很多标准已经不适应当前技术的发展，比如标准 SJ1670 - 80《电子设备电源名词术语》距今已 20 年了，许多名词术语的解释都已与现行的标准产生了矛盾，因此，信息产业部标准化研究所组织对该标准进行了修订，保留了一些原标准中仍适用的术语，对该标准的分类方法进行了较大的调整，这次修订标准的宗旨就是增强标准的适用性。

一般来说，电源的安全认证以德国基于 1EC-380 标准制定的 VDE-0806 标准最为严格，我国的国家标准则是 GB4943 - 1995《信息技术设备（包括电气设备）的安全》。电源标准从各个方面对电源生产进行了标准性生产规定，我们分别对电源的国际标准和国内标准进行阐述。主要讲述电源结构安全（见表 9 -4）、电源变压器结构安全（见表 9 -5）以及电磁兼容性（见表 9 -6）三个方面。

1. 有关电源结构安全的国际标准

表9-4 电源结构安全要求

电源结构安全要求	空间要求	UL（美国保险商试验所）、CSA（加拿大标准协会）要求：极间电压大于等于250VAC的高压导体之间，以及高压导体与非带电金属部分之间（这里不包括导线间），无论在表面还是在空间，均应有0.1in（1in = 2.54cm）的距离；VDE（德国电气工程师协会检测认证研究所）要求交流线之间有3mm的徐变或2mm的净空间隙；IEC要求：交流线间有3mm的净空间隙及在交流线与接地导体间有4mm的净空间隙。另外，VDE、IEC要求在电源的输出和输入之间，至少有8mm的空间间距
	电介质实验测试方法	打高压：输入与输出、输入地、输入AC两级之间
	抗电强度的要求	当交流输入线之间或交流输入与机壳之间由零电压加到交流1500V或直流2200V时，不击穿或拉电弧即为合格
	漏电流测量	漏电流是流经输入侧地线的电流，在开关电源中主要是通过静噪滤波器的旁路电容器泄漏电流。UL、CSA均要求暴露的不带电的金属部分均应与大地相接，漏电流的测量是通过在这些部分与大地之间接一个1.5kΩ的电阻测其漏电流，其漏电流应该不大于5mA。VDE允许用1.5kΩ的电阻与150nPF电容并接，并施加1.06倍额定使用电压，对数据处理设备来说，漏电流应不大于3.5mA，一般是1mA左右

表 9 – 5　电源变压器结构安全要求

电源变压器结构安全要求	变压器的绝缘	变压器的绕组使用的铜线应为漆包线，其他金属部分应涂有瓷、漆等绝缘物质
	变压器的介电强度	在实验中不应出现绝缘层破裂和飞弧现象
	变压器的绝缘电阻	变压器绕组间的绝缘电阻至少为 10MΩ，在绕组与磁心、骨架、屏蔽层间施加 500V 直流电压，持续 1min，不应出现击穿、飞弧现象
	变压器湿度电阻	变压器必须在放置于潮湿的环境之后，立即进行绝缘电阻和介电强度实验，并满足要求。潮湿环境一般是：相对湿度为 92%（公差为 2%），温度稳定在 20℃ ~ 30℃ 之间，误差允许 1%，需在内放置至少 48h 之后，立即进行上述实验。此时变压器的本身温度不应该较进入潮湿环境之前的测试高出 4℃

2. 有关电磁兼容性方面的试验与国际标准

电磁兼容性（EMC）是指设备或系统在其电磁环境中符合要求运行并不对其环境中的任何设备产生无法忍受的电磁干扰的能力。因此，EMC 包括两个方面的要求：一方面是指设备在正常运行过程中对所在环境产生的电磁干扰不能超过一定的限值；另一方面是指器具对所在环境中存在的电磁干扰具有一定程度的抗扰度，即电磁敏感性。国际上通用的标准有两种：在美国主要参照 FCC—A（工业标准）、FCC—B（民用标准），电源应符合民用标准；欧洲方面，有关电信产品的电磁兼容规定可参考欧洲电信标准协会（ETSI）公告的文件，其所制定的标准被我国参考采用。

表 9 - 6　电磁兼容性试验

电磁兼容性试验	磁场敏感度	（抗扰性）设备、分系统或系统暴露在电磁辐射下不希望有的响应程度。敏感度电平越小，敏感性越高，抗扰性越差。包括固定频率、峰值的磁场测试
	静电放电敏感度	具有不同静电电位的物体相互靠近或直接接触引起的电荷转移。将 300PF 电容充电到 15000V，通过 500Ω 电阻放电。可超差，但放完后要正常。测试后，数据传递、储存不能丢
	LED 电源瞬态敏感度	包括尖峰信号敏感度（0.5μs、10μs2 倍）、电压瞬态敏感度（10% ~ 30%，30S 恢复）、频率瞬态敏感度（5% ~ 10%，30S 恢复）
	辐射敏感度	对造成设备降级的辐射干扰场的度量。（14kHz 至 1GHz，电场强度为 1V/M）
	传导敏感度	当引起设备不希望有的响应或造成其性能降级时，对在电源、控制或信号线上的干扰信号或电压的度量。（30Hz 至 50kHz/3V，50kHz-400MHz/1V）
	非工作状态磁场干扰	包装箱 4.6m，磁通密度小于 0.525μT；0.9m，0.525μT
	工作状态磁场干扰	上、下、左、右交流磁通密度小于 0.5mT
	辐射干扰	通过空间以电磁波形式传播的电磁干扰。10kHz 至 1000MHz，30 屏蔽室 60（54）μV/m

3．我国电源的相关标准

　　在我国，电源产品的质量，不论是军用还是民用的，都与国外同类产品存在着明显的差距。因此，了解目前我国电源标准的制定情况，对于促进我国电源技术的发展，提高电源的产品质量来说是非常必要的，同时标准的制定也为规范电源市场提供了一个具有法律效力的文件。表 9 - 7 提供了我国电源的相关标准。

表 9 - 7　我国电源的国家标准

电源国家标准	输入、输出接口及亮度控制接口	输入线截面面积应不小于 0.81mm；输出线及亮度控制线直径应不小于 0.2mm
	所有标志应清晰而持久	通过目视检验和如下试验来确定合格与否，即用一块沾水的布在标记上轻轻擦拭 15s，然后换另一块蘸有汽油的布擦拭 15s，然后用目测法观察。经过本项试验后标记仍应保持清晰
	防止电击的措施	在输出线路和壳体之间或在输出线路和接地保护线路（如果有这种线路的话）之间不应有任何连接
	输入线路和输出线路	输入线路和输出线路相互之间在电气上应当隔离，并且它们的结构应使这些线路之间不存在直接或间接通过其他金属部件形成任何接触的可能性
	爬电距离和电气间隙	宽度不足 1mm 的槽口所存在的爬电距离不应大于槽宽 在计算总的电气间隙时，凡小于 1mm 的间隙应忽略不计
	防潮和绝缘	驱动器应防潮：驱动器在通过如下试验后不应有明显损坏。将驱动器放入潮湿试验箱内，箱内空气相对湿度保持在 91% ~ 95% 之间，历时 48h。试验箱内的温度 t 可是 20℃ ~30℃ 之间任一值，试验期间温度应保持在 t±1℃，样品放入试验箱之前，应使之处于 t 至（t+4）℃ 之间的温度。在输入端和输出端连接成的整体和全部明露金属零件之间应有足够的绝缘。该项绝缘电阻不应小于 2MΩ，对于双重绝缘或加强绝缘，电阻应不小于 4 MΩ
	介电强度	试验期间，不得发生闪路或击穿。试验用高压变压器应适当设计，当输出电压调整到适当试验电压后，在输出端短路时输出电流至少要达到 200mA，当输出电流低于 100mA 时，过电流继电器不应脱开
	抗干扰性能的特性要求	电源的抗干扰性能应包括两个方面要求：（1）电源应保证能正常工作，即测试时电源输出电压的偏差应在基准条件（公差 G）内；（2）电源应在输出端设负载合适的敏感度门限，本标准规定叠加在电源输出电压上的干扰残压的峰值不应大于电源输出电压标称值的 20%
	可靠性要求	电源的可靠性指标用平均故障间隔时间 MTBF（m1）表示。产品标准应规定 m1 不低于 3000h

附录一　国际和国内 LED 照明电器产品标准情况

　　LED 是新光源，与传统荧光灯完全不同，包括负载电源的电流电压、发光特性都不相同，其安全标准和电磁兼容性完全不同。国际电工委员会（International Electrotechnical Commission，IEC）标准组织在 LED 照明电器产品的标准制定上也是在不断地实验和科研的基础上摸索前进的。一开始 IEC 组织成立了一个 LED 照明电器产品 Workshop，将 LED 照明电器产品整合在一起。经过一段时间的运行，IEC 组织决定按照 TC34 照明电器产品技术组分类对 LED 照明电器产品的标准制定进行分别管理，即 TC34/SC34A 负责 LED 光源的标准制定，TC34/SC34B 负责连接器等，TC34/SC34C 负责 LED 控制装置，TC34/SC34D 负责 LED 灯具，然后针对各个技术组的研究结果，在 LED 的 Workshop 共同讨论共有的技术问题。目前最具影响力的国际标准化组织已经将 LED 照明电器产品的标准制定按照既有的照明电器产品分类进行管理。这也给我国 LED 照明电器产品的标准制定提供了清晰的框架。

一、IEC 关于 LED 标准的制定情况

　　IEC 是国际电工委员会（International Electrotechnical Commission）的缩写。LED 照明电器产品标准由 TC34 灯和相关设备技术委员会归口。LED 光生物安全部分由 TC76 光辐射安全和激光设备标准化技术委员会归口。具体的标准编号及标准名称以及标准的出版情况见附表 1 – 1。

附表 1–1（A） **LED 照明电器产品有关的 IEC 标准的情况（除 EMC）**

产品类型	安全标准			性能标准
	TC34 灯和相关设备			
光源 （TC34/SC34A）	基础标准	术语和定义		IEC/TS62504 ed.1.0（2011.3） 普通照明用 LED 和 LED 模块术语和定义
		灯编码系统		IEC61231：2010ED1.0 国际灯编码系统（IL-COS）
		LED 不同部分		IEC/PAS 62707–1 ed1.0（2011—03）LED—分档—第 1 部分：通用要求和白光网格（正在起草）
				34A/1481/DC PAS/IEC 62707—2 提案 LED—分档—第 2 部分：光通量（正在起草）
				34A/1482/DC PAS/IEC 62707—2 提案 LED—分档—第 2 部分：正向电压降（正在起草）
	方法	寿命预测		34A/1404/DC LED 寿命预测
		中心光强和光束角的测量方法		IEC/TR 61341 ed2.0（2010—02）反射灯中心光强和光束角的测量方法
	产品标准	LED		IEC 62031 ed1.0（2008）普通照明用 LED 模块—安全要求 / IEC/PAS 62717Ed.1.0（2011—04）普通照明用 LED 模块—性能要求（正在起草）
		普通照明用自镇流 LED 灯	大于 50V	IEC 62560ed1.0（2011—02）大于 50V 的普通照明用自镇流 LED 灯—安全要求 / IEC/PAS 62612ed1.0（2009—06）普通照用自镇流 LED 灯—性能要求
			<50Va.c 或 < 120Vd.c	34A/1403/DC 小于 50Vac 或小于 120Vdc 的普通照明用自镇流 LED 灯—安全要求（正在起草）

续表

产品类型		安全标准	性能标准	
光源 （TC34/SC34A）	产品标准	无镇流 LED 灯	IEC 62663—1Ed. 1. 0 （34A/1463/ACDV） 无镇流 LED 灯—第 1 部分：安全要求（正在起草）	34A/1353/NP 普通照明用无镇流单端 LED 灯—性能要求 （正在起草）
灯头灯座 （TC34/SC34B）		LED 模块用连接器	IEC60838—2—2： 2006 ed1. 0 杂类灯座第 2—2 部分：特殊要求—— LED 模块用连接器	
		灯头灯座尺寸和互换性	IEC 60061 系列	

附表 1 – 1（B）　　LED 照明电器产品有关的 IEC 标准的情况（除 EMC）

产品类型			安全标准	性能标准
控制装置 （TC34/SC34C）	产品	LED 控制装置	IEC 61347 – 2 – 13 ed1. 0（2006） Lamp controlgear-Part2 – 13：Pa 灯的控制装置——第 2—13 部分：LED 模块 用直流或交流电子控制装置的特殊要求	IEC 62384ED1. 1 （2006 + A1；2009） LED 模块用直流或交流电子控制装置性能要求
		LED 模块用控制装置数字可寻址界面	IEC 62386—207ED1. 0 （2009—08） 数字可寻址照明界面第 207 部分：LED 模块 （类型 6）用控制的特殊要求	

续表

产品类型			安全标准	性能标准
控制装置 （TC34/SC34C）	方法	效率测量	IEC 62442—3（34C/970/DC） 灯的控制装置能效——第 3 部分：LED 模块和低压卤素灯用控制装置——镇流器效率测量方法（正在起草）	
灯具 （TC34/SC34D）	LED 灯具		IEC 60598 系列标准	IEC/PAS 62722—2—1 ed.1、0（34D/995/PAS）灯具性能 2—1 部分：LED 灯具特殊要求（正在起草）
TC76 光辐射安全和激光设备				
光生物安全			IEC 62471 ed1.0（2006.7）灯和灯系统的光生物安全	
非激光光学辐射安全			IEC/TR 62471—2 Ed1.0（2009—08）灯和灯系统的光生物安全性——第 2 部分：非激光光学辐射安全的制造要求导则	
激光产品			IEC 60825—1 ed2.0（2007.3）激光产品的安全——第 1 部分：设备分类和要求	

二、美国关于 LED 照明产品的标准体系

美国标准体系与 IEC 标准体系不同，美国 LED 照明产品标准体系主要收集了由北美照明学会、美国国家标准所和 UL 实验室的标准部分，北美照明学会负责命名和定义、LED 光源和系统、电气和光度、光通维持；美国的国家标准所（ANSI）负责色度和谐波；美国保险商实验室（UL）负责 LED 光源、灯具的标准，见附表 1 – 2。

附表 1 – 2　美国关于 LED 照明产品的标准的情况

组织	产品类别	美国标准名称
北美照明学会（IES）	命名和定义	IESNA RP-16 – 05 Nomenclature and Definitions for Illuminating Engineering 照明工程学的命名和定义
	LED 光源和系统	IESNA TM-16 – 05 Technical Memorandum on Light Emitting Diode（LED）Sources and systems LED 光源和系统的技术备忘录
	电气和光度	IES LM-79 – 08 IES Approved Method for the Electrical and Photometric Measurements of Solid-State Lighting Products 测量固态照明产品电气和光度的方法
	光通维持	IES LM-80 – 08 IES Approved Method for Measuring Lumen Maintenance of LED Light Sources 测量 LED 光源光通量维持的方法
美国国家标准所（ANSI）	色度	ANSI C78. 377 – 2008 SSL 固态照明产品的色度规定
	谐波	ANSI C82. 77 – 2001 Lamp Ballasts-Harmonic Emission Limits-Related Power Quality Requirements for Lighting Equipment 灯的镇流器 – 谐波发射限值 – 照明设备的有关电源的质量要求

续表

组织	产品类别	美国标准名称
美国保险商实验室(UL)	LED 光源	UL 8750 – 2008 LIGHT EMITTING DIODE（LED）LIGHT SOURCES FOR USE IN LIGHTING PRODUCTS 照明产品用发光二极管（LED）光源
	灯具	UL 1598 – 2010 Luminaires 灯具
	可移式灯具	UL153 – 2009 Safety of Portable Luminaires 可移式灯具安全要求

三、目前国内 LED 照明电器产品标准的情况

附表 1 – 3　LED 照明电器产品国家标准出版情况

产品类型			安全标准	性能标准
SAC/TC224 灯和相关设备				
光源（SC1）	基础标准	术语和定义	GB/T 24826 – 2009 普通照明用 LED 和 LED 模块术语和定义	
	方法	LED 模块测试方式	GB/T 24824 – 2009 普通照明用 LED 模块测试方法	
		中心光强和光束角的测量方法	GB/T 19658 – 2005 反射灯中心光强和光束角的测量方法	
	产品	LED 模块	GB 24819 – 2009 普通照明用 LED 模块安全要求	GB/T 24823 – 2009 普通照明用 LED 模块性能要求
		普通照明用自镇流 LED 灯	GB 24906 – 2010 普通照明用 50V 以上自镇流 LED 灯安全要求	GB/T 24908 – 2010 普通照明用 50V 以上自镇流 LED 灯安全要求

续表

产品类型		安全标准	性能标准
灯头灯座 （SC1）	LED 连接器	GB 19651.3 – 2008 杂类灯座 第 2 – 2 部分：LED 模块用连接器的特殊要求	
	灯头灯座尺寸和互换性	GB/T 21098 – 2007 灯头、灯座及检验其安全性和互换性的量规第 4 部分：导则及一般信息 GB/T 1406 系列标准 GB/T 19148 系列标准	
控制装置 （SC1）	LED 控制装置	GB 19510.14—2009 灯的控制装置——第 14 部分：LED 模块用直流或交流电子控制装置的特殊要求	GB/T 24825—2009 LED 模块用直流或交流电子控制装置——性能要求
	LED 模块用控制装置数字可寻址界面 （正在起草）	可寻址数字照明接口第 207 部分：控制装置的特殊要求 LED 模块（设备类型 6）（20090967 – T – 607）	
灯具 （SAC/ TC224 /SC2）	LED 嵌入式灯具	GB 7000 系列标准	LED 嵌入式灯具性能要求（20101102 – T – 607） （正在起草）
LED 光安全 （SAC/ TC284）	光生物	GB 20145 – 2006 灯和灯系统的光生物安全	N/A
	激光	GB 7247.1 – 2001 激光产品的安全第 1 部分：设备分类、要求和用户指南	N/A

与 LED 照明电器产品有关的轻工行业的出版情况（见附表 1 – 4）。

附表 1 – 4　与 LED 照明电器有关的 QB 轻工业标准的出版情况

产品类别	安全标准	性能标准
LED 模块	N/A	QB/T 4057 – 2010 普通照明用发光二极管性能要求
风光互补供电的 LED 道路和街道照明装置	QB/T 4146 – 2010 风光互补供电的 LED 道路和街道照明装置	

附录二　LED 照明电器产品相关标准发展历史

一、IEC 标准的发展历史

（一）LED 光源类标准

2008 年 IECTC34/SC34A 出版了第 1 个 LED 模块的安全标准 IEC62031：2008，之后几年又陆续出版了多个 LED 光源类的标准，还有更多的标准在制定过程中。

在基础标准的制定方面，与 LED 相关的灯编码系统、测量方法标准已经发布。由于 LED 光源与传统的照明光源有很大区别，在颜色、光通量和正向压降方面差异很大，目前在市场上的 LED 光源分档没有统一的标准，制造商的标称不能完整描述 LED 产品的特性，根据产品外观和标记，用户难以识别产品的差异，因此需要有统一的方法对 LED 的特性进行分档和识别。IEC 组织开展了 LED 光源分档的基础标准的研究工作，并已有了多个相关的技术文件，包括白光网格分档、光通量分档和正向电压降分档标准。

目前随着 LED 光源类产品类型的增多，对应的产品标准也在相应增加，由原来的 LED 模块的安全和性能标准，发展到大于 50V 的自镇流 LED 灯、小于 50Vac 或小于 120Vdc 的自镇流 LED 灯和无自镇流 LED 灯的安全和性能标准的研究制定。附表 2 - 1 列出的是 2008 年以来出版和开发的 LED 光源类标准。

附表 2 – 1　LED 光源（TC34/SC34A）IEC 标准发展历史

标准类别	2008 年	2009 年	2010 年	2011 年	将来
基础	—	—	IEC 61231：2010 国际灯编码系统（IL-COS）	IEC/TS 62504：2011 普通照明用 LED 和 LED 模块术语和定义	
	—	—	—	IEC/PAS 62707—1：2011 LED-分档 第一部分：通用要求和白光网格	34A/1481/DC PAS/IEC 62707—2 提案 LED-分档—第 2 部分：光通量
	—	—	—	—	34A/1482/DC PAS/IEC 62707—2 提案 LED-分档—第 2 部分：正向电降压
方法	—	—	IEC/TR 61341ed2.0（2010—02）反射灯中心光强和光束的测量方法	—	34A/1404/DC LED 寿命预测

续表

标准类别	2008 年	2009 年	2010 年	2011 年	将来
产品	IEC 62031：2008 普通照明用 LED 模块—安全要求	—	—	IEC/PAS 62717Ed. 1.0 （2011—04）普通照明用 LED 模块—性能要求	—
	—	IEC/PAS 62612：2009 普通照明用自镇流 LED 灯—性能要求	—	IEC 62560：2011 大于 50V 的普通照明用自镇流 LED 灯—安全要求	34A/1403/DC 小于 50Vac 或小于 120Vdc 的普通照明用自镇流 LED 灯—安全要求
	—	—	—	—	IEC 62663－1Ed. 1.0 （34A/1463/ACDV）无镇流 LED 灯—第 1 部分：安全要求
	—	—	—	—	34A/1353/NP 普通照明用无镇流单端 LED 灯—性能要求

（二）LED 灯座或连接器类标准

IEC 60061 是规定照明电器产品使用的灯头灯座尺寸、互换性要求以及量规的要求的系列标准，随着灯头、灯座和连接器规格的增加，除了修订原有数据单以外，IEC 60061 标准系列中一直在增加新的数据单，随着 LED 照明用的连接器的类型的不断更新，IEC 60061 标准也将增加一些适用于包括 LED 在内的新的修订件。

LED 模块或 LED 灯的灯头、灯座或连接器的形式和尺寸应符合 IEC 60061 标准系列，安全性应符合 IEC 60838 – 2 – 2006 标准。附表 2 – 2 列出了 2006 年以来 IEC 灯头灯座类标准发展的情况。

附表 2 – 2 灯头灯座（TC34/SC34B）IEC 标准发展历史

标准类别	2006 年及以前	2007 年	2008 年	2009 年	2010 年	2011 年	将来
产品	IEC 60838 – 2 – 2：2006 杂类灯座第 2 – 2 部分：特殊要求 – LED 模块用连接器	—	—	—	—	—	—
型式和尺寸	IEC 60061 系列灯头灯座及量规安全和互换性						

附件类标准。

LED 模块用控制装置的安全和性能标准早在 2006 年就已经制定发布。随着控制技术在照明领域的应用，照明电器产品正在走向智能化，灯的控制装置的数字化控制发展迅速，对标准化的要求也提上了日程，IEC 组织已经制定发布了电子照明设备数字信号控制系列标准 IEC 62386 系列。

在能源紧缺的情况下，耗能产品的能效指标成为产品性能的重要评价指标，镇流器的能效也受到了越来越多的关注，欧盟已经发布了关于镇流器的能效的欧盟指令，IEC/TC34C 也加紧了制定能效测量方法标准的进程。目前，IEC 62442 灯的控制装置能效测量方法系列标准已经提上了议程，其中包括了 LED 控制装置的能效测量方法标准 IEC 62442 – 3。附表 2 – 3 列出了 IEC 灯的控制装置类标准的发展进程。

附表 2－3 灯的控制装置（TC34/SC34C）IEC 标准发展历史

类别	2006 年及以前	2007 年	2008 年	2009 年	2010 年	2011 年	将来
产品	IEC 61347－2－13：2006 灯的控制装置－第2－13 部分：LED 模块用直流或交流电子控制装置的特殊要求	－	－	IEC 62386－207：2009 数字可寻址界面—第 207 部分：LED 模块用控制装置特殊要求（类型6）	－	－	－
	IEC 62384：2006,A1：2009）LED 模块用直流或交流电子控制装置性能要求	－	－	－	－	－	－
方法	－	－	－	－	－	－	IEC 62442－3（34C/970/DC）灯的控制装置能效－第 3 部分：LED 模块和低压卤钨灯用控制装置—控制装置能效测量方法

（三）灯具类标准

LED 灯具的安全标准按照已经发布的 IEC 60598 系列标准进行考核，灯具性能标准原来一直是没有的，现在由于 LED 灯具标准的出现，市场上对 LED 灯具性能非常关注，因此 IEC 组织开始了灯具性能系列标准的制定。目前包括两个标准：灯具性能一般要求和 LED 灯具性能特殊要求。

附表 2-4　LED 灯具（TC34/SC34D）IEC 标准发展历史

类别	2006 年及以前	2007 年	2008 年	2009 年	2010 年	2011 年	将来
安全	IEC 60598 系列标准						–
性能	–						IEC/PAS 62722 – 1 ed. 1. 0 (34D/998/PAS) 灯具性能 – 第 1 部分：一般要求
	–						IEC/PAS 62722 – 2 – 1ed. 1. 0 (34D/995/PAS) 灯具性能 – 第 2 – 1 部分：LED 灯具特殊要求

（四）光生物安全类标准

在 LED 用于照明电器产品以前，光生物安全性在 IECTC34 的一些产品标准中已经有相应规定，如灯具标准中规定了使用金卤灯的灯具的紫外防护要求，在卤钨灯和一些气体放电灯的标准中也有光生物安全的相关规定，但总体来说，照明电器产品的光生物安全性并没有引起关注。

在 LED 没有进入照明行业之前，半导体行业使用 IEC 60825 系列标准对 LED 的光安全进行考核。在 LED 进入照明行业后，由于使用目的、产品特性都发生了很大变化，用于照明的 LED 产品的发光强度、光束角、颜色等等都与传统的半导体行业不同，原来的 IEC 60825 系列标准已经不能满足 LED 照明电器产品的要求。根据照明电器产品的具体特点，IEC 62471：2006 灯和灯系统的光生物安全标准等都采用了 CIES009/E：2002 灯和灯系统的光生物安全性，这个标准能更好地符合 LED 照明电器产品对光安全的要求。随着 IEC/TR 62471—2：2009 灯和灯系统的光生物安全性—第 2 部分：非激光光学辐射安全的制造要求导则的发布，LED 照明电器产品的光安全考核更趋合理。附表2－5 是光生物安全性 IEC 标准发展历史。

附表 2－5　光生物安全性 IEC 标准发展历史

组织	2006 年及以前	2007 年	2008 年	2009 年
LED 光安全（TC76）	IEC 62471：2006 灯和灯系统的光生物安全	IEC 60825－1：2007 激光产品的安全—第 1 部分：设备分类和要求	–	IEC/TR 62471－2：2009 灯和灯系统的光生物安全性—第 2 部分：非激光光学辐射安全的制造要求导则

从 IEC 关于 LED 标准的发展历史可以了解到，从 2006 年开始，IEC 开始发布 LED 照明电器产品的标准，而且随着 LED 照明电器产品的不断开发，相关的产品标准及草案的工作进程也在加快，附表 2－6 概括了目前 IEC 关于 LED 照明电器产品已经发布的标准及草案的情况。

附表 2－6　按照时间顺序 IEC 关于 LED 照明电器产品已经发布的标准及草案

2006 年及以前	2007 年	2008 年	2009 年	2010 年	2011 年	将来
IEC 60838－2－2：2006 杂类灯座第 2－2 部分：特殊要求 – LED 模块用连接器	IEC 60825－1：2007 激光产品的安全—第 1 部分：设备分类和要求	IEC 62031：2008 普通照明用 LED 模块－安全要求	IEC/PAS 62612：2009 普通照明用自镇流 LED 灯－性能要求	IEC 61231：2010 国际灯编码系统（ILCOS）	IEC/TS 62504：2011 普通照明用 LED 和 LED 模块术语和定义	IEC/PAS 62717Ed.1.0（2011－04）普通照明用 LED 模块－性能要求

续表

2006 年及以前	2007 年	2008 年	2009 年	2010 年	2011 年	将来
IEC 61347 - 2 - 13：2006 灯的控制装置 - 第 2 - 13 部分：LED 模块用直流或交流电子控制装置的特殊要求	–	–	IEC 62386 - 207：2009 数字可寻址界面 - 第 207 部分：LED 模块用控制装置特殊要求（类型 6）	IEC/TR 61341ed 2.0（2010—02）反射灯中心光强和光束角的测量方法	IEC/PAS 62707—1：2011LED—分档第 1 部分：通用要求和白光网格	34A/1403/DC 小于 50Vac 或小于 120Vdc 的普通照明用自镇流 LED 灯 - 安全要求
IEC 62384：2006 A1：2009 LED 模块用直流或交流电子控制装置性能要求	–	–	IEC/TR 62471 - 2：2009 灯和灯系统的光生物安全性—第 2 部分：非激光光学辐射安全的制造要求导则	–	IEC 62560：2011 大于 50V 的普通照明用自镇流 LED 灯 - 安全要求	IEC 62663 - 1Ed.1.0（34A/1463/ACDV）无镇流 LED 灯—第 1 部分：安全要求

续表

2006 年及以前	2007 年	2008 年	2009 年	2010 年	2011 年	将来
IEC 62471：2006 灯和灯系统的光生物安全	-	-	-	-	-	34A/1353/NP 普通照明用无镇流单端 LED 灯–性能要求
IEC 60061 系列灯头灯座及量规安全和互换性	-	-	-	-	-	34A/1404/DCLED 寿命预测
-	-	- -	-	-	-	IEC 62442–3（34C/970/DC）灯的控制装置能效—第 3 部分：LED 模块和低压卤钨灯用控制装置–控制装置能效测量方法
IEC 60598 系列标准	-	-	-	-	-	IEC/PAS 62722–2–1ed.1.0（34D/995/PAS）灯具性能—第 2–1 部分：LED 灯具特殊要求

续表

2006 年及以前	2007 年	2008 年	2009 年	2010 年	2011 年	将来
-	-	-	-	-	-	34A/1481/DC （IEC/PAS 62707-2）LED-分档-第2部分：光通量
-	-	-	-	-	-	34A/1482/DC （IEC/PAS 62707-2）LED-分档-第2部分：正向电压降

二、中国国家标准的发展

中国是 ISO、IEC 等国际标准化组织的成员国，特别是加入世界贸易组织以后，作为一种技术壁垒，技术标准成为国际贸易中的重要技术文件。除了国家差异以外，我国的电工类标准采用 IEC 标准，近年来照明电器产品国际标准也是如此，大部分照明电器类国家标准等同采用、等效采用或修改采用，非等效采用 IEC 标准，LED 照明电器类产品也遵循了这个做法，在 2009 年发布了包括术语、测试方法、模块和控制装置的标准，并且灯具性能和可寻址数字照明接口系列标准已经立项，正在制定中。附表 2-7 列出了近年以来我国 LED 照明电器产品 GB 标准发展历史。

附表 2-7 LED 照明电器产品 GB 标准发展历史（按照产品分类）

产品	2006 年及以前	2008 年	2009 年	2010 年	将来
光源（SAC/TC224/SC1）	-	-	GB/T 24826-2009 普通照明用 LED 和 LED 模块术语和定义		
	-	-	GB/T 24824-2009 普通照明用 LED 模块测试方法		
	-	-	GB 24819-2009 普通照明用 LED 模块 安全要求	GB 24906-2010 普通照明用 50V 以上自镇流 LED 灯 安全要求	
	-	-	GB/T 24823-2009 普通照明用 LED 模块 性能要求	GB/T 24908-2010 普通照明用 50V 以上自镇流 LED 灯 安全要求	

续表

产品	2006 年及以前	2008 年	2009 年	2010 年	将来
灯头灯座（SAC/TC224/SCl）	–	GB 19651.3 – 2008 杂类灯座第 2 – 2 部分：LED 模块用连接器的特殊要求			
控制装置（SAC/TC224/SCl）	–	–	GB 19510.14 – 2009 灯的控制装置 – 第 14 部分：LED 模块用直流或交流电子控制装置的特殊要求	–	可寻址数字照明接口第 207 部分：控制装置的特殊要求 LED 模块（设备类型 6）（20090967 – T – 607）
	–	–	GB/T 24825 – 2009LED 模块用直流或交流电子控制装置 – 性能要求	–	–
灯具（SAC/TC224/SC2）	GB 7000 系列标准	–	–	–	LED 嵌入式灯具性能要求（20101102 – T – 607）

续表

产品	2006年及以前	2008年	2009年	2010年	将来
LED 光安全（SAC/TC224/SC2）	GB 7247.1－2001 激光产品的安全第1部分：设备分类、要求和用户指南	－	－	－	－
	GB 20145－2006 灯和灯系统的光生物安全	－	－	－	－

　　附表2-8概括了从2006年及以前到2011年以及将来我国LED照明电器产品标准的情况及发展。

附表2-8　按照发布时间顺序排列的LED照明电器产品GB标准发布情况

2006年及以前	2007年	2008年	2009年	2010年	2011年	将来
GB 7247.1－2001 激光产品的安全第1部分：设备分类、要求和用户指南		GB 19651.3－2008 杂类灯座第2-2部分：LED模块用连接器的特殊要求	GB/T 24826－2009 普通照明用LED和LED模块术语和定义	GB 24906－2010 普通照明用50V以上自镇流LED灯安全要求		可寻址数字照明接口第207部分：控制装置的特殊要求LED模块（设备类型6）（20090967－T－607）

续表

2006 年及以前	2007 年	2008 年	2009 年	2010 年	2011 年	将来
GB 20145 – 2006 灯和灯系统的光生物安全			GB/T 24824 – 2009 普通照明用 LED 模块测试方法	GB/T 24908 – 2010 普通照明用 50V 以上自镇流 LED 灯安全要求		LED 嵌入式灯具性能要求（20101102 – T –607）
			GB 24819 – 2009 普通照明用 LED 模块安全要求			
			GB/T 24823 – 2009 普通照明用 LED 模块性能要求			

续表

2006 年及以前	2007 年	2008 年	2009 年	2010 年	2011 年	将来
			GB 19510.14－2009 灯的控制装置—第14部分：LED 模块用直流或交流电子控制装置的特殊要求			
			GB/T 24825－2009LED 模块用直流或交流电子控制装置—性能要求			

附录三　传统灯具和 LED 灯具的标准

一、IEC 不同灯具的标准体系

IEC TC34/SC34D 灯具标准主要是安全标准，包括 IEC 60598 系列的安全标准共有 23 个标准，包括 1 个一般要求和试验方法标准、22 个具体产品安全标准。

在 23 个灯具安全标准中都规定了适用的光源，其中 7 个标准适用的光源是电光源，8 个标准是钨丝灯、管形荧光灯和气体放电灯，3 个标准是钨丝灯，1 个标准是冷阴极荧光灯，还有几个分别是钨丝灯和单端荧光灯，等等。详见附表 3 - 1。

附表 3 - 1　IEC 60598 系列标准及其适用的光源

序号	适用的光源	等同采用的国际标准编号
1	电光源	IEC 60598 - 1：2008 灯具第 1 部分：一般要求与试验
2		IEC 60598 - 2 - 3：2002 道路与街路照明灯具安全要求
3		IEC 60598 - 2 - 8：2007 灯具第 2 - 8 部分：特殊要求手提灯
4		IEC 60598 - 2 - 12：2006 灯具第 2 - 12 部分：特殊要求电源插座安装的夜灯
5		IEC 60598 - 2 - 13：2006 灯具第 2 - 13 部分：特殊要求地面嵌入式灯具
6		IEC 60598 - 2 - 22：2008 灯具第 2 - 22 部分：特殊要求应急照明灯具
7		IEC 60598 - 2 - 24：1997 限制表面温度灯具安全要求

续表

序号	适用的光源	等同采用的国际标准编号
8	钨丝灯、管形荧光灯和气体放电灯	IEC 60598 – 2 – 1：1979 + A1：1987 灯具第 2 – 1 部分：特殊要求固定式通用灯具
9		IEC 60598 – 2 – 2：1997 灯具第 2 – 2 部分：特殊要求嵌入式灯具
10		IEC 60598 – 2 – 4：1997 灯具第 2 – 4 部分：特殊要求可移式通用灯具
11		IEC 60598 – 2 – 5：1998 投光灯具安全要求
12		IEC 60598 – 2 – 7：1982 灯具第 2 – 7 部分：特殊要求庭园用可移式灯具
13		IEC 60598 – 2 – 11：2005 灯具第 2 – 11 部分：特殊要求水族箱灯具
14		IEC 60598 – 2 – 17：1984 + A2：1990 灯具第 2 – 17 部分：特殊要求舞台灯光、电视、电影及摄影场所（室内外）用灯具
15		IEC 60598 – 2 – 25：1994 灯具第 2 – 25 部分：特殊要求医院和康复大楼诊所用灯具
16	钨丝灯	IEC 60598 – 2 – 20：2002 灯具第 2 – 20 部分：特殊要求灯串
17		IEC 60598 – 2 – 23：1997 钨丝灯用特低电压照明系统安全要求
18		IEC 60598 – 2 – 6：1994 灯具第 2 – 6 部分：特殊要求带内装式钨丝灯变压器或转换器的灯具
19		IEC 60598 – 2 – 18：1993 灯具第 2 – 18 部分：特殊要求游泳池和类似场所用灯具
20	钨丝灯和低压卤钨灯	IEC 60598 – 2 – 9：1987 照相和电影用灯具（非专业用）安全要求
21	钨丝灯或单端荧光灯	IEC 60598 – 2 – 10：2003 灯具第 2 – 10 部分：特殊要求儿童用可移式灯具
22	冷阴极管形放电灯	IEC 60598 – 2 – 14：2009 灯具第 2 – 14 部分：冷阴极管形放电灯（霓虹管）灯具和类似设备
23	荧光灯	IEC 60598 – 2 – 19：1981 + A1：1987 + A2：1997 灯具第 2 – 19 部分：特殊要求通风式灯具

二、IEC TC34/SC34D 标准体系的特点

（1）产品安全标准命名以灯具的安装方式及应用为主要依据。

目前，具体产品标准根据灯具不同的安装方式和使用特性命名，如固定式安装的通用灯具、投光灯具、嵌入式灯具、道路和街路照明灯具、地面嵌入式灯具、电源插座安装的夜灯、影视舞台灯具、通风式灯具、应急照明灯具和游泳池和类似场所用灯具、可移式安装的通用灯具、儿童用可移式灯具、庭园用可移式灯具、手提灯和灯串，等等。

（2）大部分产品安全标准的命名与灯具所使用的光源无关。

在 IEC 60598 系列的 23 个安全标准中，21 个标准的名称与光源无关，在 IEC 60598 系列中有 21 个标准的名称与灯具安装方式或其应用特性有关，IEC 0598—1 在范围中规定，该标准适用于使用电光源、电源电压不超过 1000V 的灯具，并适用于各类电光源。

在 IEC 60598 系列的 23 个安全标准中，2 个标准的命名与光源有关，IEC 60598 - 2 - 14 是关于冷阴极灯灯具安全的产品标准，该标准的名称是"灯具—第 2 - 14 部分：特殊要求—冷阴极管形放电灯（霓虹灯）灯具和其他类似设备"。主要原因是，在 IEC 60598 系列的其他安全标准中，灯具所涉及的电光源的电源电压属于低压范围（50V - 1000VAC），或者是特低电压（50VAC 及以下），而且灯具输出电压均在低电压范围内，IEC 60598 - 1 标准中规定的结构、电气间隙和爬电距离等的安全要求均适用于这些灯具。冷阴极灯灯具的电源电压也在 1000V 以下，但其输出电压通常要高至 10000V，这是原来的低电压标准的安全规定覆盖不了的，因此 IECTC34/SC34D 专门出版冷阴极灯灯具安全标准，并在结构、电气间隙和爬电距离、对地泄漏保护、开路保护等方面提出了对冷阴极灯灯具的特殊安全要求。

IEC 60598 - 2 - 23：1997《钨丝灯用特低电压照明系统安全要求》，是专门针对钨丝灯所使用的特低电压照明系统的安全标准，除了灯具外，系统中还包括灯具的电源系统和固定支承该系统的机械和电气系统，包括电源变压器或转换器，以及该系统特有的支承导体及其固定装置、电气机械连接器的规定。由于该标准规定的要求针对专门用于钨丝灯的照明系统产品，不仅是灯具，还包括照明系统，所以需要制定特殊的安全要求。

（3）关于 IEC 60598 系列标准适用的光源。

标准中对适用光源的规定主要考虑的是安全，其次是基于已有的应用。在

IEC 60598 系列的 23 个标准中，大部分标准适用的光源范围很广，也有一些标准是限制灯具使用的光源类型的。

灯具一般要求与试验标准 IEC 60598 – 1 适用的光源是电光源。

为了保证产品的安全，在标准的范围中规定了产品适用的光源，IEC 60598—1 适用的标准是电光源，即适用于以电驱动的人工光源，包括钨丝灯、管形荧光灯、气体放电灯具和固体发光光源等，所以灯具的一般安全标准能够覆盖 LED 光源的灯具。

大部分具体产品标准适用的光源类型多。

关于适用的光源，在具体产品的标准中有 6 个标准关于电光源，8 个标准关于钨丝灯、管形荧光灯、气体放电灯具。

8 个适用光源为钨丝灯、管形荧光灯、气体放电灯具的标准中，大部分标准出版的时间在 2000 年以前，当时 LED 在功能照明中还没有得到应用。随着将适用的光源扩大到电光源的 IEC 60598 – 1：2003 的发布，以及 LED 在照明灯具中的大量应用，IEC 60598 – 1 已经规定了适用于电光源。实际上这些标准的应用已经扩大到 LED 灯具，特别是固定式通用灯具（IEC 60598 – 2 – 1），嵌入式灯具（IEC 60598 – 2 – 2），道路和街路照明灯具（IEC 60598 – 2 – 3），可移式通用灯具（IEC 60598 – 2 – 4）和投光灯具（IEC 60598 – 2 – 5）。

在 IEC 60598 系列的 22 个具体产品标准中，14 个标准的光源范围覆盖了 LED，所占比率达到 63.6%。

两个适用于钨丝灯的标准限制了应用范围。

在 IEC 60598 系列中，4 个标准的适用光源是钨丝灯，其中灯串和游泳池灯具是目前应用 LED 光源较多的产品，限制光源将使标准不能用于使用 LED 的产品的检验和评价。

作为 IECTC34/SC34D 国内技术归口单位和 LUMEX 专家组成员，它们将向 IECTC34/SC34D 提出修改标准的提议。

（4）出于安全考虑，一些标准限制了适用的光源。

IEC 60598 – 2 – 10：2003《灯具第 2 – 10 部分：特殊要求儿童用可移式灯具》适用的光源是钨丝灯和单端荧光灯，由于涉及儿童使用的安全性问题，如温度、电气安全、光生物危害等方面的安全考虑，限制其他光源在儿童用可移式灯具中的使用是合理的。

三、我国不同灯具的标准

我国的灯具国家标准有安全标准、性能标准和方法标准三类，其中安全标准24项，性能标准2项，方法标准2项。

随着技术的进步，产品类型和品种的增加，灯具标准及其标准体系需要不断地更新，由于与传统灯具的诸多区别和性能特性，建设LED灯具标准体系对完善灯具国家标准体系、制定LED灯具标准有着重要的指导意义。

建立和完善LED灯具国家标准，首先应明确LED灯具国家标准是灯具国家标准体系的有机组成部分，应研究现有灯具国家标准的现状适用于LED灯具的情况，了解修订LED灯具国家标准的需求，积极跟踪国际LED灯具标准的最新动态，研究建立和完善科学的LED国家灯具标准体系。

（一）现有灯具产品国家标准关于 LED 灯具的适用性分析

1. 安全标准

灯具安全标准由等同采用IEC的22项标准和我国自主制定的2项标准组成，这24项标准中有16项标准适用于LED光源，两项标准适用的标准是钨丝灯、管形荧光灯和气体放电灯。灯具安全国家标准及其适用的光源见附表3－2。

2. 性能标准

两项灯具性能国家标准包括我国自主制定的GB/T 9473－2008《读写台灯性能标准》和GB/T 24827－2009《道路与街路照明灯具性能要求》，这两项标准中，GB/T 24827－2009的适用范围包括LED灯具，现有的性能国家标准以及已立项和申报立项的性能国家标准适用的光源类型见附表3－3。

3. 方法标准

在现有的国家灯具标准体系中，已有两个采用CIE出版物的灯具光度测试方法标准，即GB/T 7002－2008《投光照明灯具光度测试》和GB/T 9468－2008《灯具分布光度测量的一般要求》，这两个标准均适用于LED灯具的光度测量。现有的检测方法国家标准以及申报立项的检测方法国家标准适用的光源类型见附表3－3。

附表 3 - 2 灯具安全国家标准及其适用的光源

序号	适用的光源	标准编号与标准名称
1	电光源或 LED	GB 7000.1 - 2007 灯具第 1 部分：一般要求与试验
2		GB 7000.201 - 2008 灯具第 2 - 1 部分：特殊要求固定式通用灯具
3		GB 7000.202 - 2008 灯具第 2 - 2 部分：特殊要求嵌入式灯具
4		GB 7000.5 - 2005 道路与街路照明灯具安全要求
5		GB 7000.204 - 2008 灯具第 2 - 4 部分：特殊要求可移式通用灯具
6		GB 7000.207 - 2008 灯具第 2 - 7 部分：特殊要求庭园用可移式灯具
7		GB 7000.208 - 2008 灯具第 2 - 8 部分：特殊要求手提灯
8		GB 7000.211 - 2008 灯具第 2 - 11 部分：特殊要求水族箱灯具
9		GB 7000.212 - 2008 灯具第 2 - 12 部分：特殊要求电源插座安装的夜灯
10		GB 7000.213 - 2008 灯具第 2 - 13 部分：特殊要求地面嵌入式灯具
11		GB 7000.217 - 2008 灯具第 2 - 17 部分：特殊要求舞台灯光、电视、电影及摄影场所（室内外）用灯具
12		GB 7000.2 - 2008 灯具第 2 - 22 部分：特殊要求应急照明灯具
13		GB 7000.17 - 2003 限制表面温度灯具安全要求
14		GB 7000.218 - 2008 灯具第 2 - 18 部分：特殊要求游泳池和类似场所用灯具
15		GB/T 7256 - 2005 民用机场灯具一般要求
16		GB 24461 - 2009 洁净室用灯具技术要求
17	钨丝灯、管形荧光灯和气体放电灯	GB 7000.7 - 2005 投光灯具安全要求
18		GB 7000.225 - 2008 灯具第 2 - 22 部分：特殊要求医院和康复大楼诊所用灯具
19	钨丝灯	GB 7000.6 - 2008 灯具第 2 - 6 部分：特殊要求带内装式钨丝灯变压器或转换器的灯具
20	钨丝灯	GB 7000.19 - 2005 照相和电影用灯具（非专业用）安全要求
21	钨丝灯、单端荧光灯	GB 7000.4 - 2007 灯具第 2 - 10 部分：特殊要求儿童用可移式灯具
22	管形荧光灯	GB 7000.219 - 2008 灯具第 2 - 18 部分：特殊要求通风式灯具
23	白炽灯	GB 7000.9 - 2008 灯具第 2 - 20 部分特殊要求灯串
24	钨丝灯	GB 7000.18 - 2003 钨丝灯用特低电压照明系统安全要求

附表 3 – 3　灯具性能和检测方法国家标准及其适用的光源

序号	标准类别	适用光源	标准编号与标准名称	备注
1	性能	钨丝灯、管形荧光灯	GB/T 9473 – 2008 读写作业台灯性能要求	
2		气体放电灯及 LED 光源	GB/T 24827 – 2009 道路与街道照明灯具性能要求	
3		LED	嵌入式 LED 灯具性能要求	已立项
4		LED	LED 筒灯性能要求	申报立项并已公示
5		电光源	灯具性能的一般要求	已申报立项
6		LED	LED 灯具性能的一般要求	已申报立项
7	检测方法	未限制	GB/T 9468 – 2008 灯具分布光度测量的一般要求	
8			GB/T 7002 – 2008 投光照明灯具光度测试	
9		LED	LED 筒灯性能测量方法	申报立项并已公示

附录四　LED 灯具测试要求

一、IEC 关于 LED 灯具的测试项目

IEC 灯具要求检测的测试项目如附表 4 – 1 所示。

附表 4 – 1　要求检测的性能要求（表中"×"表示有要求的，"–"表示没有要求的）

本 PAS 条款（IEC/PAS 62717 条款）	测试项目	使用未表明其符合 IEC/PAS 62717LED 模块的灯具/A 型[1]	使用表明其符合 IEC/PAS 62717LED 模块的 LED 灯具/B 型[2]
7	功率	×	×
8.1	光通量	×	×
8.2.3	光强分布	×	×
8.2.4	峰值光强值[3]	×	×
8.2.5	光束角值[3]	×	×
8.3	效能	×	×
9.1	初始色容差	×	–
9.1	维持色容差	×	–
9.2	相关色温	×	–
9.3	显色指数初始值	×	–
9.3	显色指数维持值	×	–
10.2	流明维持	×	–
10.3（10.3.2）	通电的温度循环	×	–
10.3（10.3.3）	电源电压开关	×	–

续表

本 PAS 条款（ IEC/PAS 62717 条款）	测试项目	使用未表明其符合 IEC/PAS 62717LED 模块的灯具/A 型[1]	使用表明其符合 IEC/PAS 62717LED 模块的 LED 灯具/B 型[2]
10.3（10.3.4）	加速工作寿命试验	×	—
附录 A.1	LED 模块温度	×	×

（1）A 型——灯具使用的 LED 模块未表明其符合 IEC/PAS 62717《普通照明用 LED 模块性能要求》；LED 制造商提供符合 IEC/PAS 62717 的数据时，灯具上试验根据 B 型灯具这一系列进行

（2）B 型——灯具使用的 LED 模块已表明其符合 IEC/PAS 62717；B 型 LED 灯具的检测要求取决于 IEC/PAS 62717 的要求。不再测量符合其自身标准的产品的值。然而将不同的模块组合在一个灯具内时，某些参数可能要求测量，例如在有颜色混合的灯具内最终的显色指数和相关色温需要测量

（3）适用于修正来自 LED 模块的光分布的灯具

二、能源之星、CQC 照明产品节能认证 CALIPER 报告的测试项目的要求

能源之星的技术规则、CALIPER 报告和 CQC 节能认证规范，三者都在使用的参数是评价照明类电气产品的必要参数，是通用的项目。针对 LED 灯具的特点，具有 LED 灯具特殊性的评价参数应是我们研究的对象。通过对特殊参数的检验和评价，使 LED 灯具扬长避短，有效地提高产品的质量。

1. 能源之星技术规则和 CQC 节能认证规范涉及的测试参数（见附表 4 - 2）

附表 4 - 2　能源之星技术规则、CQC 节能认证规范涉及的测试参数

参数		能源之星的要求（SSL 灯具）		CQC 灯具节能认证技术规范
		通用要求	特殊要求	
光通量/lm		×	×	×
灯具效能/lm/W		×	×	×
色度	相关色温/K	×	×	×
	显色指数	×	-	×
	色保持	×	-	×
	色空间均匀度	×	-	
	功率/W	×	-	
	功率因数	×	-	
光分布	光分布	-	×	×
	环带流明密度	-	×	×
	L70	×	×	-
光通维持率	规定时间的光通维持率	-	-	×

2. CALiPER 报告涉及的参数

除了能源之星认证要求的项目以外，CALIPER 报告还涉及了有效的平均效能（1m/W）、道路灯截光类型、制造商提供产品描述是否准确和视频显示终端（VDTs）的光强限值评价。

3. 对 SSL 产品有特殊意义的评价参数

（一）适用于所有 LED 灯具的一般要求

目前进展很快的 IEC/PAS 62722 - 2 - 1《灯具性能 - 第 2 - 1 部分：LED 灯具特殊要求》已经投票完成，将作为公众可用的技术规范，IEC 62722 - 2 - 1 也同时按照标准程序成立了新项目工作组，这个工作组的成员直接参加该标准的制定过程。

该标准适用于所有 LED 灯具，而且与现有的 IEC 标准具有协调性和系统性，该标准规定的 LED 灯具检测项目将作为国家标准《LED 灯具一般性能要求》的项目，包括功率、光通量、效能、初始色容差、维持色容差、相关色温、显色指数初始值、显色指数维持值、流明维持、通电的温度循环、电源电压开关、加速工作寿命试验和 LED 模块温度，等等。

（二）适用于具体 LED 灯具的检测项目

灯具应满足不同场所和不同功能使用要求，如居住照明、办公照明、工业照明、道路照明、隧道照明、运动和娱乐场所照明等，使用的灯具包括嵌入式灯具、工厂照明灯具、道路照明灯具、隧道照明灯具、投光灯具、影视舞台灯具，等等。

区别于灯具的一般特性，具体灯具的特殊性通常体现在灯具承受的特殊工作环境以及特殊的照明要求，应根据具体的情况设定特殊的产品性能要求，附表 4 - 3 以道路照明灯具和嵌入式灯具为例，给出了灯具特殊性能要求的考虑思路。

附表 4 - 3　灯具特殊性能要求的考虑思路

灯具类型	特殊的使用环境	特殊的照明要求	标准的特殊要求
道路照明灯具（室外）	环境温度变化	根据各种安装条件，满足道路照明的要求	可靠性要求、特殊的环带流明密度要求和截光要求
	震动		
	雷击		
	雨水和冰冻		
嵌入式下射灯具（室内）	散热条件不良	根据一般的居住环境或其他安装场所的环境（如宰空间比），需要达到的照明要求	可靠性要求，特殊的环流明密度要求
	温热		
	观察目标颜色		

（三）其他可以考虑的参数

1. 有效的平均效能（1m/W）

当灯具处于"关断"状态，但仍然消耗能源的情况下，"关断"状态的能耗也应成为能源效率评价的内容之一。每天的总流量小时除以每天的总瓦时就是有效的平均能效。为消除寄生负载，开/关的电气设计需要关断在电源侧的供电电源（墙插头侧）。

如果这些灯具每天只使用几个小时或更少的时间，那么 CFL 和 SSL 产品的有效平均效能甚至会低于一些白炽灯产品。待机功耗是远程镇流器或电源产品中的一个特别普遍的问题。

2. 灯具效率（在原位置）（％）

SSL 替代型光源在灯具内受到热环境，以及灯具结构对光分布的遮挡和吸收作用的影响，需要检验 SSL 替代型光源在实际应用灯具内的性能表现，并与原配传统光源的表现进行比较。同时进行比较的参数可以有：总功率、光输出、效能。

3. 制造商提供的产品描述是否准确

应关注制造商是否提供性能报告，以及性能报告的准确程度。灯具的性能参数是产品功能描述的重要内容。如果制造商提供的产品功能描述不准确或夸大，会极大地损伤用户对产品制造商和商家的信任度，对产品的发展当然是极其不利的。

另外，说明书中夸大的性能描述会助长实际试验数据的离散性，原因如下：

（1）SSL 试验概念的混淆或缺乏经验；

（2）缺乏工业标准化的 LED 产品性能试验报告；

（3）选择的标准（如日本的或中国的）与 LM – 79 的试验方法不一致；

（4）说明书没有给出得到相应结果需要的配置（例如，LED 装置、驱动和光学部件等）。

在 CALIPER 的第一轮检测中开始关注到大部分 SSL 产品能效低于产品说明书上的数值，极少数产品的性能与产品说明书上的相同。

SSL 制造商应该关注和解决这些问题，执行合适的 SSL 试验，并对产品的性能给出正确的易于理解的信息，这样将增加用户对 SSL 技术的信心。

4. 视频显示终端（VDTs）光强限值评价

在有显示屏的工作环境内，眼睛观察屏幕时，往往受屏幕上反射的灯光干扰，使眼睛看不清屏幕上显示的文字或图案。因此，限制灯光入射到屏幕上的光线强度是比较有效的措施。

5. 可用光度值和功率的比实现在同类型、不同型号的 SSL 产品之间的比较

用不同的数据和图表来分析灯具的照明效率时，不仅要对比灯具能

效（1m/W），还必须评估光度分布在其预使用的特定应用环境里的适用性。到目前为止，对于 LED 灯具一直使用绝对测试单位来表示光度数据，比如，cd 和 1x。相关图表的单位也同样用绝对测试单位。这种表达可以用来分析一个灯具的数据。但是，当我们在不同的灯具之间进行比较时，由于它们的功率不相同，总的光输出不相同，这种数据的表达会让人陷入迷惑，判别不出哪个灯具照明效率更高，使用这些图表会使你陷入困境。

同种类型、不同型号、不同规格的灯具之间的比较，需要在相同的功率基础上进行比较。

因此，将光度图的数据进行转换，相对于灯具的功率确定数值，数值的单位为 cd/W、lx/W 等，实现不同功率、同种类型 SSL 灯具间直接的比较。

此方法同样可以运用于传统灯具的配光曲线等光强图，实现统一传统灯具和 LED 灯具的图表的数据表达方式。

附录五　中国淘汰白炽灯计划公示

一、中国逐步淘汰白炽灯的重要意义

中国是白炽灯的生产和消费大国，2010 年白炽灯产量和国内销量分别为 38.5 亿只和 10.7 亿只。据测算，中国照明用电约占全社会用电量的 12%。如果把在用的白炽灯全部替换为节能灯，一年可节电 480 亿千瓦时，相当于减少二氧化碳排放 4800 万吨，节能减排潜力巨大。逐步淘汰白炽灯，不仅有利于加快推动中国照明电器行业技术进步，促进照明电器行业结构升级优化，而且也将为实现"十二五"节能减排目标、应对全球气候变化做出积极贡献。

二、中国逐步淘汰白炽灯的可行性

当前，在全球大力推动节能减排、积极应对气候变化的形势下，很多国家纷纷出台淘汰白炽灯路线图，加快淘汰低效照明产品。中国自 1996 年实施绿色照明工程以来，照明行业迅速发展，全社会节能减排意识显著提高，为淘汰白炽灯创造了较好的政策环境、行业基础和社会氛围，为淘汰白炽灯路线图的发布实施奠定了良好基础。

（一）政策环境

"十一五"期间，中国提出了单位 GDP 能耗降低 20%，主要污染物排放减少 10% 的约束性目标，通过一系列政策措施推动节能减排。目前，已经建立了较完善的高耗能产品淘汰和节能产品推广政策体系，包括发布高耗能产品淘汰目录、实施能效标准标志、推行政府强制采购、开展政府财政补贴等，为促进白炽灯企业合理转型、推动高效照明行业健康发展创造了良好的政策环境。

（二）行业基础

2010 年，中国白炽灯总产量 38.5 亿只，年产量 1 亿只以上的大型企业约 10 家，这 10 家企业总产量占全行业总产量的 70% 以上。近年来，在国家相关政策的支持下，这些大型白炽灯生产企业先后开始转产节能灯等高效照明产品，为行业平稳过渡奠定了基础。

2010 年，中国节能灯总产量约 42.6 亿只，约占全球总产量的 80%；其中，年产量 5000 万只以上规模企业约 20 家，20 家企业总产量占全行业总产量的 82.2%。经过多年努力，中国节能灯产品质量水平日益提高，一些企业产品质量和工艺水平已达到世界领先水平。此外，半导体照明等新兴高效照明技术发展迅速，在射灯、筒灯、隧道灯等领域逐步得到应用。因此，高效照明产品及技术的日益成熟为逐步淘汰白炽灯提供了重要保障。

（三）社会意识

随着经济社会的发展和人民生活水平的提高，居民照明节电意识普遍增强，"绿色照明"理念深入人心，高效照明产品的市场占有率逐年提高，淘汰低效照明产品、选用高效照明产品已逐渐成为社会共识。

三、世界主要国家和地区淘汰白炽灯情况

自 2007 年初澳大利亚政府率先宣布以立法形式全面淘汰白炽灯开始，先后有十几个国家和地区陆续发布了白炽灯淘汰计划。这些国家和地区的白炽灯淘汰计划主要有以下几个特点：

一是淘汰时间。在淘汰进程上，大多数国家的起始时间集中在 2010—2012 年。

二是淘汰范围。并非禁止所有白炽灯，重点在于淘汰普通照明用白炽灯，特殊用途白炽灯并不在淘汰范围之内。

三是淘汰方式。大部分国家和地区采取分阶段淘汰方式，从大功率白炽灯逐步向小功率白炽灯延伸，从低光效白炽灯向高光效白炽灯延伸。

四是中期评估。部分国家和地区在淘汰过程中设置了实施效果评估环节，根据高效照明技术发展和前期政策实施情况来调整后期政策。

四、中国淘汰白炽灯方案

（一）指导思想

全面落实科学发展观、加快经济发展方式转变、大力推进节能减排，积极应对气候变化，制定并实施科学有效、符合中国国情的淘汰白炽灯路线图，实现照明产业结构调整优化和整体能效水平提升，为实现"十二五"节能减排目标、加快经济发展方式转变做出积极贡献。

（二）基本原则

坚持顺应国际潮流与推动中国行业发展相结合；坚持加强政策引导与深化市场机制相结合；坚持实施分阶段淘汰与发展替代技术相结合。

（三）法律依据

《中华人民共和国节约能源法》第十六条规定："国家对落后的耗能过高的用能产品、设备和生产工艺实行淘汰制度。淘汰的用能产品、设备、生产工艺的目录和实施办法，由国务院管理节能工作的部门会同国务院有关部门制定并公布。"明确了相关政府部门在制定淘汰政策和措施中的职责。

《中华人民共和国节约能源法》第十七条规定："禁止生产、进口、销售国家明令淘汰或者不符合强制性能源效率标准的用能产品、设备；禁止使用国家明令淘汰的用能设备、生产工艺。"明确了生产经营单位、组织或个人在执行高耗能产品淘汰制度中的法律职责。

（四）淘汰计划

中国淘汰白炽灯路线图拟以国家发展和改革委员会、国家质量监督检验检疫总局、国家工商行政管理总局、海关总署等部门联合公告的形式发布并实施。中国淘汰白炽灯路线图分为五个步骤（见附表5－1），包括：

第一步骤：2011年10月1日，发布中国淘汰白炽灯政府公告及路线图，并将2011年10月1日至2012年9月30日设为过渡期。

第二步骤：从2012年10月1日起，禁止销售和进口100W及以上普通照明用白炽灯。

第三步骤：从2014年10月1日起，禁止销售和进口60W及以上普通照明用白炽灯；依据能效标准，禁止生产、销售和进口光效低于能效限定值的低效卤钨灯。

第四步骤：2015 年 10 月 1 日至 2016 年 9 月 30 日，对前期政策进行评估，调整后续政策。

第五步骤：从 2016 年 10 月 1 日起，禁止销售和进口 15W 及以上普通照明用白炽灯。

（五）淘汰范围

淘汰目标产品为普通照明用白炽灯，具体类型为：——电源电压：220V；——灯头：E14、E27 螺口型和 B22 卡口型；——泡壳：透明、磨砂、类似于磨砂效果的涂层或内涂白等经过表面处理的形式。

淘汰目标产品不包括反射型白炽灯、聚光灯、装饰灯等其他类型白炽灯以及特殊用途白炽灯。

附表 5 - 1　中国淘汰白炽灯计划阶段实施表

实际期限	目标产品	额定功率	实施范围与方式	备注
2011 年 10 月 1 日至 2012 年 9 月 30 日		过渡期为一年		发布公告及路线图
从 2012 年 10 月 1 日起	普通照明用白炽灯	≥100W	禁止进口、国内销售	
从 2014 年 10 月 1 日起	普通照明用白炽灯	≥60W	禁止进口、国内销售	发布卤钨灯能效标准，禁止生产、进口与销售低于能效限定值的卤钨灯
2015 年 10 月 1 日至 2016 年 9 月 30 日			进行中期评估，调整后续政策	
从 2016 年 10 月 1 日起	普通照明用白炽灯	≥15W	禁止进口、国内销售	最终禁止的目标产品和时间，以及是否禁止生产视 2015 年的中期评估结果而定

参考文献

第一章

［1］中国就业技术指导中心组织编写. 照明设计师. 北京：中国劳动保障出版社，2009

［2］陈大华主编. 绿色照明 LED 实用技术. 北京：化学工业出版社，2009

［3］方志烈. 半导体照明技术. 北京：电子工业出版社，2009

［4］周志敏，纪爱华. LED、OLED 照明技术与工程应用. 北京：电子工业出版社，2011

［5］JR. 柯顿，AM. 马斯登主编. 光源与照明（第四版）. 陈大华等译. 上海：复旦大学出版社，1999

［6］车念曾，阎达远编. 辐射度学和光度学. 北京：北京理工大学出版社，1992

［7］安连生主编. 应用光学（第三版）. 北京：北京理工大学出版社，2002

［8］郝允详等. 光度学. 北京：北京师范大学出版社，1988

［9］［日］中岛龙兴，近田玲子，面出薰著. 照明设计入门. 马俊译. 北京：中国建筑工业出版社，2005

［10］俞丽华编著. 电气照明. 上海：同济大学出版社，2001

［11］汤顺青. 色度学. 北京：北京理工大学出版社，1990

［12］周太明，周祥，蔡伟新. 光源原理与设计（第二版）. 上海：复旦大学出版社，2006

［13］陈育明，陈大华，李维德等. LVD 无极灯. 上海：复旦大学出版社，2009

［14］L. L. Holladay, J. O. S. A. & R. S. L, 12, p. 271；1926

［15］M. Luckiesh, L. L. Holladay. New York, 1930

［16］J. F. Schouten, L. S. Ornstein. J. O. S. A. Volume 29. 1939

［17］S. A. Schaub, D. R. Alexander, J. P. Barton. J. Opt. Soc. Am. A/Vol. 9，1992

［18］M. Luckiesh, L. L. Holladay. Journal of the Optical of Society America, 1933

［19］林燕丹，陈大华，邵红等. 中间照明水平下视锐度的亮度响应特性研究. 复旦学报：自然科学版，2002，41（4）：453－458

［20］林燕丹，陈大华，邵红，姚佩玉. 中间视觉研究的动态及研究模式的剖析［J］. 照明

工程学报，2002，13（4）：9－13

[21] 俞丽华编著. 电气照明. 上海：同济大学出版社，2001

[22] 寿天德. 神经生物学 [M]. 北京：高等教育出版社，2001

[23] http://www.china－led.net/info/2011721/2011721111703.shtml

[24] 陈育明，陈大华，李维德等. LVD 无极灯. 上海：复旦大学出版社，2009

[25] 日本建筑学会. 光和色的环境设计. 北京：机械工业出版社，2006

第二章

[1] 陈大华主编. 绿色照明 LED 实用技术. 北京：化学工业出版社，2009

[2] 国家经贸委，UNDP，GEF，中国绿色照明工程项目办公室，中国建筑科学院. 绿色照明工程实施手册. 北京：中国建筑工业出版社，2003

[3] 周志敏，纪爱华. LED 照明与工程设计. 北京：人民邮电出版社，2010

[4] 韩瑜. 低碳照明：我国城市照明发展的必然趋势. 科技信息，2010（23）

[5] 北京照明学会照明设计专业委员会. 照明设计手册. 北京：中国电力出版社，2006

[6] 孙立东. LED 技术及在照明工程中应用分析 [J]. 科技创新与应用，2012（16）

[7] 周志敏，纪爱华. 大功率 LED 照明技术设计与应用. 北京：电子工业出版社，2011

[8] 詹庆旋. 建筑光环境. 北京：清华大学出版社，1986

[9] 李春茂. LED 结构原理与应用技术. 北京：机械工业出版社，2011

[10] 方志烈. 半导体照明技术. 北京：电子工业出版社，2009

[11] 费翔，钱可元，罗毅. 大功率 LED 结温测量及发光特性研究 [J]. 光电子. 激光，2008（03）

[12] 鲁祥友，华泽钊，刘美静，程远霞. 基于热管散热的大功率 LED 热特性测量与分析 [J]. 光电子. 激光，2009（01）

[13] 彭军，于泽. 城市环境意境营造与心理感知分析. 天津美术学院

[14] 杨清德. LED 照明工程与施工. 北京：金盾出版社，2009

[15] 钱可元，胡飞，吴慧颖，罗毅. 大功率白光 LED 封装技术的研究 [J]. 半导体光电，2005（02）

[16] 代岩峰. 当代城市景观设计的光、色元素应用研究. 硕士论文，2008

[17] 李铁臣. 发光二极管户外照明的特点、应用及发展前景. 魅力中国，2009

[18] 李浩，汪正林，吴巨芳，徐琦. 从 LED 封装探究户外照明灯具的系统设计. 照明工程学报，2009

[19] 林羽贤，周鼎金. 户外照明改善评估研究. 海峡两岸第十六届照明科技与营销研讨会专题报告暨论文集，2009

[20] 陈仲林，胡英奎，刘英婴，黄彦. 中间视觉在室外照明中的应用研究. 城市化进程中的建筑与城市物理环境：第十届全国建筑物理学术会议论文集，2008

[21] 魏文信，梅国强. 室外照明发展趋势. 中国中原（郑州）绿色照明技术论坛论文集，

2007

[22] 朱旻. 城市室外照明设计的新趋势. 光源与照明, 2005

第三章

[1] 陈大华, 刘洋, 居家奇, 陈文灯. 绿色照明 LED 实用技术. 北京: 化学工业出版社, 2009

[2] 国家经贸委, UNDP, GEF, 中国绿色照明工程项目办公室, 中国建筑科学院. 绿色照明工程实施手册. 北京: 中国建筑工业出版社, 2003

[3] 北京照明学会照明设计专业委员会. 照明设计手册. 北京: 中国电力出版社, 2006

[4] 詹庆旋. 建筑光环境. 北京: 清华大学出版社, 1986

[5] 方志烈. 半导体照明技术. 北京: 电子工业出版社, 2009

[6] 周志敏, 纪爱华. LED 照明与工程设计. 北京: 人民邮电出版社, 2010

[7] 李春茂. LED 结构原理与应用技术. 北京: 机械工业出版社, 2011

[8] 周志敏, 纪爱华. LED, OLED 照明技术与工程应用. 北京: 电子工业出版社, 2011

[9] 杨清德. LED 照明工程与施工. 北京: 金盾出版社, 2009

[10] GB50034 – 2004, 建筑照明设计标准

[11] 韩瑜. 低碳照明: 我国城市照明发展的必然趋势. 科技信息, 2010 (23)

[12] 代岩峰. 当代城市景观设计的光、色元素应用研究. 硕士论文, 2008

[13] 周志敏, 纪爱华. 大功率 LED 照明技术设计与应用. 北京: 电子工业出版社, 2011

第四章

[1] 周志敏. LED 背光照明技术与应用电路. 北京: 中国电力出版社, 2010

[2] 毛兴武, 张艳雯, 周建军, 祝大卫. 新一代绿色光源 LED 及其应用技术. 北京: 人民邮电出版社, 2008

[3] 周大明, 周祥, 蔡伟新. 光源原理与设计 (第二版). 上海: 复旦大学出版社, 2006

[4] H. Hasebe and S. Kobayashi, "A full-color field-sequential LCD using modulated back-light", SID Digest, 1985, pp81 – 83

[5] N. Koma, T. Miyashita, T. Uchida, N. Mitani, "Color field sequential LCD using an OCB-TFT-LCD", SID Digest, 2000, pp632 – 635

第五章

[1] 杨其长. LED 在农业与生物产业的应用与前景展望. 中国农业科技导报, 2008, 10 (6): 42 – 47

[2] 陈大华主编. 绿色照明 LED 实用技术. 北京: 化学工业出版社, 2009

[3] 杨其长. LED 在农业领域的应用现状与发展战略. 中国科技财富, 2011 (1)

[4] 李合生. 现代植物生理学 [M]. 北京: 高等教育出版社, 2002

[5] 潘睿炽. 植物生理学 [M]. 北京: 高等教育出版社, 2002

[6] 魏灵玲, 杨其长, 刘水丽. 密闭式植物种苗工厂的设计及其光环境研究 [J]. 中国农

学通报，2007（12）

[7] 曲溪，叶方铭，宋杰琼，顾玲玲，方圆，陈涛，陈大华. LED 灯在植物补光领域的效用探究 [J]. 灯与照明，2008（2）

[8] 项红升，李明，霍荣龄，杨巍，孙君泓. LED 应用于光疗的研究进展. 北京生物医学工程，V01. 24 No. 4 Aug, 2005

[9] 崔瑾，徐志刚，邸秀茹. LED 在植物设施栽培中的应用和前景. 农业工程学报，2008，24（8）：249 – 253

[10] Lian M. L. , Piao X. C. , Park K. Y. Effect of light emitting diodes on morphologenesis and growth of bublets of Lilium in vitro [J]. Journal of the Korean Society for Horticultural Science, 2003, 44 (1): 125 – 128

[11] Yanagi, T. , Okamoto, K. , Takita, S. Effects of blue and blue/red lights of two different PPF levels on growth and morphogenesis of lettuce plants [J]. Acta Horticulturae, 1966, 440: 117 – 122

[12] Tamulaitis G, Duxhovskis P, Bliznikas Z, etal. High-power light – emitting diode based facility for plant cultivation. J Physics Dappl Phys, 2005

[13] Kozai, T. , Ohyama, K. , Afreen, F. , Zobayed, S. , Kubota, C. , Hoshi, T. , Chun, C. 1999. Transplant production in chosed systems with artifical lighring for solving global issues on environment conservation, food, resource and engery [C]. Proc. of ACESYS Conf. From protected cultivation to phytomation: 31 – 45

[14] Okamoto K, Yanagi T, Takita S. Development of plant growth apparatus using and red LED as artificial light source. Acta Horticulturae, 1996

[15] 刘伟平，黄红斌，林仕相，杜卫冲. 激光杂志，2005，26（6）：94 – 95

[16] Vincent chen High efficiency LED with optimized spectrum for plant growth lighting. 2011 上海国际新光源 & 新能源照明论坛，2011 – 5：11 – 13

[17] 徐志刚. LED 在植物应用中的研究进展. 2011 上海国际新光源 & 新能源照明论坛，2011 – 5：11 – 13

[18] 项红升，李明，霍荣龄，杨巍，孙君泓. 北京生物医学工程，2005，24（4）：311 – 315

[19] Goldman MP, Weiss RA. Intense pulsed light as a nonablative approach to photoaging. Dermatol Surg, 2005, 31 (9 pt 2)

[20] Weiss RA, McDaniel DH, Geroneemus R, etal. Clinical trial of a noval non – thermal LED array for reversal of photoaging: Clinical, histologic, and surface profilometric results. Laser Surg Med, 2005, 36: 81 – 91

[21] Lee SY, Park KH, Choi JW, etal. A prosepective, randomized, placebocontrolled, double-blinded, and split-face clinical study on LED phototherapy for skin rejuvenation: Clinical,

profilometric，histologic，ultrastructual，and biochemical evaluations and comparison of three different treatment settings. J Photochem Photobiol B 27：51 – 67，2007

[22] Al-Watban FA. The comparison of effects between pulsed and CW lasers on wound healing. J Clin Laser Med Surg 22：15 – 18，2004

[23] Lim W，Lee S，Kim I，etal. The antinflammatory mechanism of 635 nm light – emitting-diode irradiation compared with existing COX inhibitors. Laser Surg Med 39：614 – 621，2007

[24] Lee S Y，You C E，Park M Y. Blue and red light combination LED phototherapy for acne vulgaris in patents with skin phototype IV. Lasers in Surgery and Medicine，2007（02）

[25] SADICK NS. Handheld LED array device in the treatment of acne vulgaris Journal of Drugs in Dermatology，2008（04）

[26] 崔鸿忠，李正佳，范晓红. 发光二极管光源疗法在生物医学中的应用 [J]. 激光技术，2006（06）

[27] ELLA S. System and method for facial treatment. US Patent：20030032900A1，2003

第六章

[1] 王占国. 半导体光电信息功能材料的研究进展 [J]. 新材料产业，2009（1）：65 – 73

[2] 高鸿楷. MOCVD 技术在中国 [C]. 第十一届全国 MOCVD 学术会议，2010

[3] 刘祥林，焦春美. 国产 MOCVD 设备的特点、性能及发展趋势 [C]. 2004 年高大功率 LED 外延及芯片技术研讨会，2004

[4] Davey J E，Pankey T. Epitaxial GaAs films deposited by vacuum evaporation. J Appl Phys，1986，39：1941 – 1948

[5] Kuo C P，Flethch R M，Osentowski T D，et al. High performance AlGaInP visible light-emitting diodes. Appl Phys Lett，1990，57：2937 – 2939

[6] Duchemin J P，Hirtz J P，Razeghi M，Bonnet M，Hersee S D. GaInAs and GaInAsP materials grown by LP MOCVD for microwave andoptoelectronic applications. J Crystal Growh，1981，55：64 – 73

[7] MANASEVIT H M，SIMPSON W J. The use of metalorganics in the prewparation of semiconductor materials [J]. JElectrochem Soc，1969，116（12）：1725 – 1732

[8] A MANO H，SAWAKI N，AKASAKI I，et al. Metalorganic vapor phase epitaxial growth of a high quality GaN film using an AlN buffer layer [J]. APL，1986，48：353 – 355

[9] AMANO H，AKASKI I，HIRAMATSU K，et al. Effects of the buffer layer in metalorganic vapour phase epitaxy of GaN on sapphire substrate [J]. Thin Solid Films，1988，163：415 – 420

[10] ZHANG B S，WU M，LIU J P，et al. Influence of hightemperature AlN buffer thickness on the properties of GaNgrown on Si（111）[J]. J Crystal Growth，2003，258（1/2）：34 – 40

[11] LIU W，ZHU J J，JIANG D S，et al. Influence of AlN the interlayer crystal quality on the

strain evolution of GaN layer grown on Si （111）［J］. APL, 2007, 90 （1）: 011914 – 011916

［12］ CHENG K, LEYS M, DEGROOTE S, et al. Flat GaN epitaxiallayers grown on Si （111） by metalorganic chemical vapor phase epitaxy using stepgraded AlGaN intermediate layers J Electron M ater, 2006, 35: 592 – 594

［13］ BOURRET A, ADELMANN C, DAUDIN B, et al. Strain relaxation in （0001）AlN/ GaN heterostructures ［J］. PhysRew: B, 2001, 63 （24）: 245037 – 245040

第七章

［1］ 周大明，周祥，蔡伟新. 光源原理与设计（第二版）. 上海：复旦大学出版社，2006

［2］ E. Fred Schurbert. Light-emitting diodes. Cambridge university press, Second edition, 2006

［3］ 毛兴武，张艳雯，周建军，祝大卫等编著. 新一代绿色光源 LED 及其应用技术. 北京：人民邮电出版社，2008

［4］ 陈元灯，陈宇编著. LED 制造技术与应用. 北京：电子工业出版社，2009

第八章

［1］ 周大明，周祥，蔡伟新. 光源原理与设计（第二版）. 上海：复旦大学出版社，2006

［2］ E. Fred Schurbert. Light-emitting diodes （ Second edition ）. Cambridge university press, 2006

［3］ 毛兴武，张艳雯，周建军，祝大卫等编著. 新一代绿色光源 LED 及其应用技术. 北京：人民邮电出版社，2008

［4］ 陈元灯，陈宇编著. LED 制造技术与应用. 北京：电子工业出版社，2009

［5］ 周志敏等编著. LED 背光照明技术与应用电路. 北京：中国电力出版社，2010

［6］ 苏用道，吉爱华，赵超等编著. LED 封装技术. 上海：上海交通大学出版社，2010

第九章

［1］ Steve Winder. LED 驱动电路设计. 北京：人民邮电出版社，2009

［2］ 周志敏，周纪海，纪爱华. LED 驱动电路设计与应用. 北京：人民邮电出版社，2006

［3］ 周志敏，纪爱华. LED 驱动电源设计 100 例. 北京：中国电力出版社，2010

［4］ 郭起宏，高京泉，贺孝田. LED 路灯照明若干技术瓶颈问题探讨. 照明工程学报，2010

［5］ 刘虹，沈天行. LED 进入普通照明市场的预测及照明节电分析. 照明工程学报，2005，Vol. 16，No. 3

［6］ 赵同贺. 新型开关电源典型电路设计与应用. 北京：机械工业出版社，2010

［7］ Abrahaml Pressman. 开关电源设计（第二版）. 王志强译. 北京：电子工业出版社，2004

［8］ 李嘉，顾霓鸿. 直流电源技术标准简介. 北京：中国电力科学研究院，2007

［9］ 兰月. 我国目前常用的电源技术标准. 电源技术应用，2009 （5）

［10］王力坚. 国家标准 GB14715 信息技术设备用不间断电源通用技术条件. 冶金电气，2011，30（20）

［11］常山. 常用电源标准技术概述. 电子测试，2007（12）

附录

［1］34D/995/PASIEC/PAS 62722 – 2—1 Ed. 1 Luminaire performance – Part2 – 1：Particular requirements for LED luminaires

［2］34D/998/PASIEC/PAS 62722 – 1 Luminaire performance – Partl：General Requirements

［3］34A/1444/PASIEC/PAS62717Ed. 1 LED MODULES FOR GENERAL LIGHTING Performance requifements

［4］陈超中，施晓红，李为军，杨樾. 起草中发光二极管灯具性能的 IEC 规范现状. 光源与照明. 2011（1）

［5］陈超中，施晓红，李为军，王晔. LED 灯具特性及其标准解析（上）（下）. 中国照明电器杂志. 2010（11）（12）

［6］陈超中，施晓红，杨樾，王晔. 厘清 LED 照明电器产品及照明有关标准. 中国照明电器杂志. 2010（6）

［7］陈超中，施晓红，杨樾，王晔. LED 灯具标准体系建设研究（上）（下）. 中国照明电器杂志. 2010（1）（2）

［8］陈超中，施晓红，李为军，杨樾. 关注 LED 灯具性能的 IEC/PAS 的进展. 中国照明网，2011 – 04 – 12

［9］陈超中，施晓红，杨樾，李为军. 关注起草中的第 8 版 IEC60598 – 1 对不可替换光源的灯具的要求. 中国照明电器，2011（6）

［10］施晓红，杨樾，王晔，陈超中. 建立和完善 LED 灯具的国家标准体系的研究. 照明工程学报，2012（01）